梶原　武／奥谷喬司 監修

黒装束の侵入者
外来付着性二枚貝の最新学

日本付着生物学会編

恒星社厚生閣

まえがき

梶 原　　武

　日本付着生物学会の前身である「付着生物研究会」は，昭和47 (1972) 年6月に開催された東京大学海洋研究所の共同利用シンポジウム「海産付着動物に関する研究の現状と問題点に関するシンポジウム」（主催者：東京大学農学部　平野禮次郎教授）を期に発足した．平成8 (1996) 年4月に組織改革し「日本付着生物学会」となった．同年9月には日本学術会議から学術研究団体として登録され，新たなスタートを歩み始めた．

　平成9 (1997) 年10月には，学会として初めてのシンポジウム「付着生物の研究法 — 室内実験と野外観察」を開催した．さらに平成11年10月29日に学会として2回目（研究会時代を通じて，通算6回目）のシンポジウム，「付着性イガイ類の分類と分布 — その実態に迫る」を船の博物館で開催した．

　その主旨を講演要旨集より引用する．

　付着生物として最も馴染み深い付着性二枚貝・ムラサキイガイは，外来種（移入種）で昭和初期に日本へ入ってきた種である．その後，分布を広げた日本のムラサキイガイは *Mytilus edulis* の学名が用いられてきたが，近年，殻の形態研究や分子生物学的手法による分類により日本のムラサキイガイは *Mytilus galloprovincialis* であることが明らかにされた．さらに最近では，和名についてもムラサキイガイかチレニアイガイかの議論もある．一方，ミドリイガイやカワヒバリガイなど熱帯性や淡水性の付着性イガイ類の新たなわが国への移入により，これら外来種の分布の拡大など今後の動向は注目されるところである．そこで，付着性イガイ類のわが国における分布の現状とその分類学的知見を整理し，これら外来種の生態系や経済活動に与え影響などを考えるためシンポジウムを企画した．

その成果を中心に，各執筆者の最新の研究成果を取り纏めたのが本書である．
　なお，このシンポジウムは日本付着生物学会の企画であるが，主催は財政援助を受けた（財）日本学術協力財団と日本付着生物学会とした．また，日本貝類学会，日本動物分類学会，日本ベントス学会，日本水産学会，船の科学館，マリンバイオテクノロジー学会の共催を得た．ここに記して関係機関に感謝する．

執筆者紹介（50音順）

井上広滋　1962年生．京都大学大学院農学研究科（博士）修了．現在，東京大学海洋研究所海洋生命科学部門助手．

植田育男　1958年生．愛媛大学大学院理学研究科（博士）修了．現在，株式会社江ノ島水族館飼育技術部次長．

奥谷喬司　1931年生．東京水産大学増殖学科卒．現在，日本大学生物資源科学部教授，東京水産大学名誉教授．

木村妙子　1965年生．三重大学生物資源学部研究科（博士）修了．現在，三重大学生物資源学部研究科大学院研究生．

桒原康裕　1962年生，北海道大学大学院理学研究科（博士）修了．現在，北海道立網走水産試験場資源増殖部栽培技術課長．

中井克樹　1961年生．京都大学大学院理学研究科（博士）修了．現在，滋賀県立琵琶湖研究所主任学芸員．

渡部終五　1948年生．東京大学大学院農学研究科（博士）修了．現在，東京大学農学生命科学研究科教授．

目 次

まえがき ……………………………………………………（梶原　武）

0. 問題の所在 —— 編者序にかえて ……………（奥谷喬司）………1

1. 北海道におけるキタノムラサキイガイと
　　　　　　　　　ムラサキイガイ ……（桒原康裕）………7
　　1-1　ムラサキイガイ類の分類学的研究史 ………………………9
　　1-2　北海道・千島のムラサキイガイ類の分類学的研究史 ……11
　　1-3　殻形質によるムラサキイガイ類の再検討 …………………13

2. ミドリイガイの日本定着
　　　　　　　　……………………………（植田育男）……27
　　2-1　日本沿岸におけるミドリイガイ分布の推移 ………………28
　　2-2　関東周辺の分布および生息状況 ……………………………32
　　2-3　江の島におけるミドリイガイ生息に関する特徴 …………36
　　2-4　今後の問題点と利用可能性 …………………………………40

3. コウロエンカワヒバリガイはどこから来たか？
　　　　—— その正体と移入経路 ——
　　　　　　　　……………………………（木村妙子）……47
　　3-1　移入初期 —— ホトトギスガイに似て非なる貝 ……………47
　　3-2　分布の拡大 ……………………………………………………50
　　3-3　コウロエンカワヒバリガイはカワヒバリガイ属なのか？

　　　　　──分類学的位置に対する疑念 ································ 51
　3-4　コウロエンカワヒバリガイと
　　　　　　　カワヒバリガイの殻の形態的相違 ······················· 53
　3-5　コウロエンカワヒバリガイとカワヒバリガイの遺伝的な相違 ······· 55
　3-6　コウロエンカワヒバリガイはクログチガイ属 ···················· 56
　3-7　クログチガイ属各種とコウロエンカワヒバリガイ
　　　　　　　　　　　の形態的比較 ······················· 59
　3-8　遺伝学的分析による検証 ──コウロエンカワヒバリガイは
　　　　　　　　　　　　　　　　　Xenostrobus securis ········ 62
　3-9　どこからどうやって日本に移入してきたのか？ ················· 63
　3-10　移入して何をしているのか？ ································ 65

4. カワヒバリガイの日本への侵入 ··············（中井克樹）······ 71
　4-1　発見の経緯と現在の分布域 ···································· 71
　4-2　着生部位と捕食者の存在の可能性 ····························· 77
　4-3　侵入の経路と分布域の拡大 ···································· 78
　4-4　駆除・防除の方策 ── ゼブラガイの事例を参考に ··············· 80

5. 足糸タンパク質の構造から見た
　　　　　ムラサキイガイ類の種分化
　　　　　　　······························（井上広滋）······ 87
　5-1　分　　類 ·· 87
　5-2　付着機構 ·· 88
　5-3　足糸の構成成分 ·· 89
　5-4　fp-1 配列の分子進化 ··· 94
　5-5　fp-1 配列の種特異性 ··· 99
　5-6　日本のムラサキイガイ ······································· 101

6. ミトコンドリア DNA 塩基配列に基づく　　ムラサキイガイ類の系統解析

　　　　　　　　　　　　　　　　　　　　　　　　(渡部終五) ……*107*

6-1　ミトコンドリア 16S rRNA コード領域の塩基配列の比較 ………*109*
6-2　RFLP 分析によるハプロタイプの決定とわが国における分布 ……*112*
6-3　核遺伝子の分析と雑種形成の解析……………………………………*115*
6-4　まとめ ………………………………………………………………*118*

あとがき ………………………………………………………… (山口寿之)

0.

問題の所在——編者序にかえて

奥 谷 喬 司

　梶原[1]は昭和初期に行われた付着生物試験に関する文献の発掘から，ムラサキイガイの東京湾への侵入を1929年から1933年の間と推断している．そしてMiyazaki[2]のコメントから本種の日本侵入は瀬戸内海（神戸港）が早かったと断じた．

　貝類学雑誌にムラサキイガイの日本出現が報じられたのは金丸[3]が最初で，「貝類の付随移動並に帰化」において1934年には神戸港の岸壁に真っ黒く付いていたがそれ以前の付近の貝類目録には見当たらないと述べている．学名は黒田徳米博士によって*Mytilus edulis*とされた．黒田[4]はこの学名に対してムラサキクジャクガイなる和名を与えている．図示（Fig.137）されたものは腹縁が凹んだやや硬質の貝で産地は国後島で，他の現生分布記録も，樺太，北海道，千島，陸奥となっているから，学名が同じでも前記金丸の標本と同一種ではなかったと思われるが，図は左殻表面の1点のみで，標本を実見しない限り正しい同定は不可能である．のち瀧[5]と黒田[6]はそれぞれ広島県および横浜市金沢の標本につきムラサキイガヒ（イ）*M. edulis*とした．

　以降，わが国において多数の生態学的，水産学的，生理学的，分類学的論文や図書ではすべてムラサキイガイを*M. edulis*としてきた．

　一人，細見[7]のみは学名に*M. galloprovincialis*に固執していたのが例外であろう．鹿間[8]は*M. galloprovincialis*を地中海系の種と位置づけチレニアイガイなる和名を提唱した．

　最近の10年間で知見は大きく変わり，Gosling[9]は日本近海は*M. edulis*と*M. galloprovincialis*の交雑が行っている場所であると指摘し，さらにキタノ

ムラサキイガイ *M. trossulus* の存在を認めた．栗原 [10] はこれまで注目されなかったキタノムラサキイガイを形態的に劃然と区別した（本書1章参照）．

一方，Inoue 他 [11] および井上 [12] はイガイ類の足糸に関わるコラーゲン（足系タンパク質）の分子生物学的研究から，わが国の岩手県以南に分布する"ムラサキイガイ"と呼ばれているものはすべて *M. galloprovincialis* で *M. edulis* は存在せず，北海道の一部には *M. galloprovincialis* とキタノムラサキイガイの自然交雑種がいることを明らかにした（本書第5章参照）．

それゆえ和名に関して *M. edulis* をムラサキイガイ（平瀬・黒田），*M. galloprovincialis* をチレニアイガイ（鹿間）と呼ぶことに固執すると実情に合わないので，チレニアイガイを廃し *M. edulis* をヨーロッパイガイ（鹿間），*M. galloprovincialis* をムラサキイガイと呼ぶことが提唱された（土田・黒住 [13]；奥谷 [14]；西川 [15]）．

このような経過で，わが国における *M. edulis* の不在が明らかとされたが，なお調査地点，標本産地などの空白部分があるので予断は許されない．

今後の問題としては Gosling や井上他の指摘した雑種を付着生物の生態研究面でいかに扱うか．その識別は生化学や分子からだけしか不可能であろうか．交雑個体と判明した個体から逆に形態的識別点を発見する必要に迫られるであろう．また交雑の起こる環境，生物学的要因の究明も今後の課題となる．

理学的な興味としてはこれらの種の起源と移動，進化，移入の人為的要因や経路などの解明がある．

ムラサキイガイと類似した移入経路を辿ったものにミドリイガイ *Perna viridis* がある．最初に記録されたのは神戸港で 1965 年，おそらく入渠した船腹からのものと思われるが，いわば一過性の発見であった．しかし 1985 年以降は東京湾はじめ各地に定着したコロニーが見付かり，早い時期横浜港の繁留ブイから剥離した標本を実見した．

本種は東南アジア一帯には極めて普通の付着生物で，わが国で越冬できるようになったのは暖冬傾向のせいかどうかはっきりはしないが，日本への定着個体は緑色の鮮明さが失われ次第に黒紫色を帯びてくる特徴がある．本種の動静

に関しては本書第 2 章に詳しいが，既に養殖いかだに付着し負荷を増し，産業被害が出つつある実状から本種の生活様式，とくに環境要因との相関を究明する要がある[16]．

最近，漸く（Kimura 他[16]）によって実態の解明を見たのがコウロエンカワヒバリガイである．最初の発見は 1981 年ごろ西宮市香櫨園の岸壁とされ，同所の低鹹環境と外部形態の類似から，カワヒバリガイ Limnoperna fortunei の 1 亜種として記載された．しかしカワヒバリガイとは内部形態のみならず色彩や生殖腺の発達過程，さらに生化学的研究（アイソザイム）でも異種であることが明らかとなり（Kimura and Tabe[17]）コウロエンカワヒバリガイはカワヒバリガイの亜種ではないことが証明された．

実際はクログチ Xenostrobus atratus に近い X. securis で，その起源はオーストラリア，あるいはニュージーランドと推定されている（本書 3 章参照）．本種は上述のように 1981 年の発表が初めてであるが，それまでの付着性イガイ類の大まかな研究ではムラサキイガイが圧倒的に多く，その蔭に隠されていたのではないかと疑われる．分類学的研究の場合は標本はかなり注意深く保存されるが，付着生物研究をはじめ，フィールドの生態学的研究や水産学的な立場からの研究は標本が残されている場合は殆どなく，時系的に遡る考察は困難である．

淡水産のカワヒバリガイ Limnoperna fortunei の日本進出は多分 1990 年に揖斐川で見付かったのが最も早い記録と思われる（木村[18]）．1992 年には琵琶湖（松田・上西[19]），1993 年には長良川（中井他[20]）に拡散した（本書第 4 章参照）．淡水性のイガイ科の伝播は上述のムラサキイガイ，ミドリイガイ，コウロエンカワヒバリガイなど海産港湾性種の移入がいわば不可抗力であったのに比し，一層人為性が強く，河川では業者の手による中国産シジミの放流，琵琶湖では中国産淡水真珠養殖母貝に付随してきたと思われる．淡水域においてはカワヒバリガイのニッチはこれまで完全に空いており，その付着は河川構造物の負荷を増すだけではなく，上水道取水事業に重大な関わりをもってくる．

付着生物ではないが最近安易に行われている中国産シジミ類の放流は，わが

国固有のシジミ類の遺伝形質を攪乱する脅威を孕んでいる．

　本書が対象とした付着性イガイ類は上記のものにしぼられているが，それらと同所的に分布するイガイダマシ Mytilopsis sallei（カワホトトギス科＝マゴコロガイ科）も 1979 年に清水港で発見（波部 [21])されて以来，東京湾に 1983 年（古瀬・長谷川 [22])）に拡散したが，イガイ科の付着性種ほど猖獗を極めたとは聞こえてこないが，港湾付着動物の調査の際は本種の存在可能性も考慮に入れておく必要がある．

　上記のいずれの種も現在のところ分類学的に十分究明され，種名も安定したことは喜ばしいが，実質的な調査においてなお幼若体の同定には困難を伴う．各種の生活史，生活周期を知ると同時に幼若体の形態学的特徴の把握も重要である．また環境要因とこれらの種の挙動のモニターが十分行われる必要もあり，近代の生化学的手法を駆使して得られる総合的な情報が付着生物学という群集生態学の解析を最も信頼性の高いものとするであろう．

文　献

1) 梶原　武：ムラサキガイ——浅海域における侵略者の雄．日本の海洋生物，侵略と攪乱の生態学，沖山宗雄・鈴木克美（編），東海大学出版会，1985，pp.49-54．
2) I. Miyazaki : On fouling organisms in the oyster farm. *Bull. Japan. Soc. Sci. Fish.* 6 (5)；223-332, (1938).
3) 金丸但馬：貝類の付随移動並に帰化，貝雑，5 (2/3), 145-049 (1935).
4) 黒田徳米：日本産貝類目録．貝雑，3 (4), 3 (5)：付録113-134, (1932).
5) 瀧　巌：広島県下のムラサキイガヒ，貝類雑記 (49)，貝雑，7 (2), 80-92 (1937).
6) 黒田徳米：質疑応答，イガヒの未成殻とムラサキイガヒとの相違点を問ふ．貝雑，7 (4), 193 (1937).
7) 細見彬文：A note on the vertical distribution of mussel, *Mytilus galloprovincialis* Lamarck, *Venus*, 37 (4), 205-216 (1978).
8) 鹿間時夫：続原色世界の貝 (II)，北隆館，1964．
9) E. M. Gosling : Systematics and geographic distribution of *Mytilus*. In : The mussel *Mytilus*, E. M. Gosling (ed.) : Ecology, phsiology, genetics and culture, pp.1-20. Elsevier (1992).
10) 桒原康裕：ムラサキガイの正体．北水試だより，21, 14-18 (1993).
11) K. Inoue, J. W. Herbert, M. Matsuoka, S. Odo and S. Harayama: Interspecific variations in adhesive protein sequences of *Mytilus edulis, M. galloprovincialis* and *M trossulus. Biol. Bull.* 189, 370-375 (1995).

12) 井上広滋：ムラサキイガイの接着物質 —— 遺伝子とその発現，化学と生物，33（10），660-667（1995）．
13) 土田英治，黒住耐二：岩手県大槌湾とその周辺の貝類相（4），二枚貝綱−1．東大海洋研大槌臨海センター報告，19，1-30（1993）．
14) 奥谷喬司：日本のムラサキイガイ，ちりぼたん，27（1），10-11（1996）．
15) 西川輝昭：ムラサキイガイかチレニアイガイか —— 動物和名選定のケーススタディ，付着性物研究，13（2），1-6（1997）．
16) T. Kimura, M. Tabe, and Y. Shikano : *Limnoperna fortunei kikuchii* Habe, 1981（Bivalvia : Mytilidae）is a synonym of *Xenostrobus securis*（Lamarck, 1819）: Introduction into Japan from Australia and/or New Zealand. *Venus*, 58（3），101-107（1999）．
17) T. Kimura and M. Tabe: Large generic differentiation of the mussels *Limnoperna fortunei fortunei*（Dunker）and *Limnoperna fortunei kikuchii* Habe（Bivalvia:Mytilidae），*Venus*, 56（1），27-34（1997）．
18) 木村妙子：日本におけるカワヒバリガイの最も早期の採集記録，ちりぼたん，25（2），34-35（1994）．
19) 松田征也，上西 実：琵琶湖に侵入したカワヒバリガイ（Mollusca : Mytilidae）．滋賀県立琵琶湖文化館研究紀要，10，45（1992）．
20) 中井克樹，新村安雄，山田二朗：長良川，揖斐川で発見されたカワヒバリガイの分布状況．貝雑，53（2），139-140（1944）．
21) 波部忠重：新移入二枚貝イガイダマシ（新称）．ちりぼたん，11（3），41-42（1980）．
22) 古瀬浩史，長谷川和範：イガイダマシ東京湾に産す，ちりぼたん，15（1），18（1984）．

0. 問題の所在

1.
北海道における
キタノムラサキイガイとムラサキイガイ

桒　原　康　裕

　イガイ科（Mytilidae）の属するイガイ属（*Mytilus*）は寒帯域から温帯域まで南北半球に広く分布する[1]付着性二枚貝類である．イガイ属のムラサキイガイは，1920年代に日本に定着した外来種として知られ[2,3]，現在では日本沿岸の浅海域に広く見られる最も一般的な付着性二枚貝である．欧米ではカキ類とともに食用二枚貝として有用種である．しかし，その繁殖力の強さと付着性から，船舶，養殖施設，発電施設などの汚損生物でもある．

　日本産のムラサキイガイには *Mytilus edulis* Linnaeus, 1758 の学名が使われてきた．これは，日本の分類学者に限らず海洋生物研究者にとってもっとも馴染み深い貝の学名の一つである．

　しかし，1980年代に事態は急変した．日本のムラサキイガイは *M. galloprovincialis* Lamarck, 1819 という耳慣れない学名の種に同定されたのである[4]．

　さらに，外来種が侵入する1920年代以前から，北海道以北にムラサキイガイが自生していたことが知られていた[5]．それらは全て現在では *M. trossulus* Gould, 1850 に同定されている[6]．

　本章の主題は，ムラサキイガイ *M. galloprovincialis*, *M. trossulus* の2種が分布する，北海道・千島海域における分類および地理分布である．同時に，近年大きな変貌をとげたムラサキイガイをとりまく分類学的研究のなかで，特に近年活発に研究されている殻形質に関する議論を中心に概観する．

　ここでは，日本のムラサキイガイとして同定された，*M. edulis* Linnaeus, 1758, *M. galloprovincialis* Lamarck, 1819, *M. trossulus* Gould, 1850 の

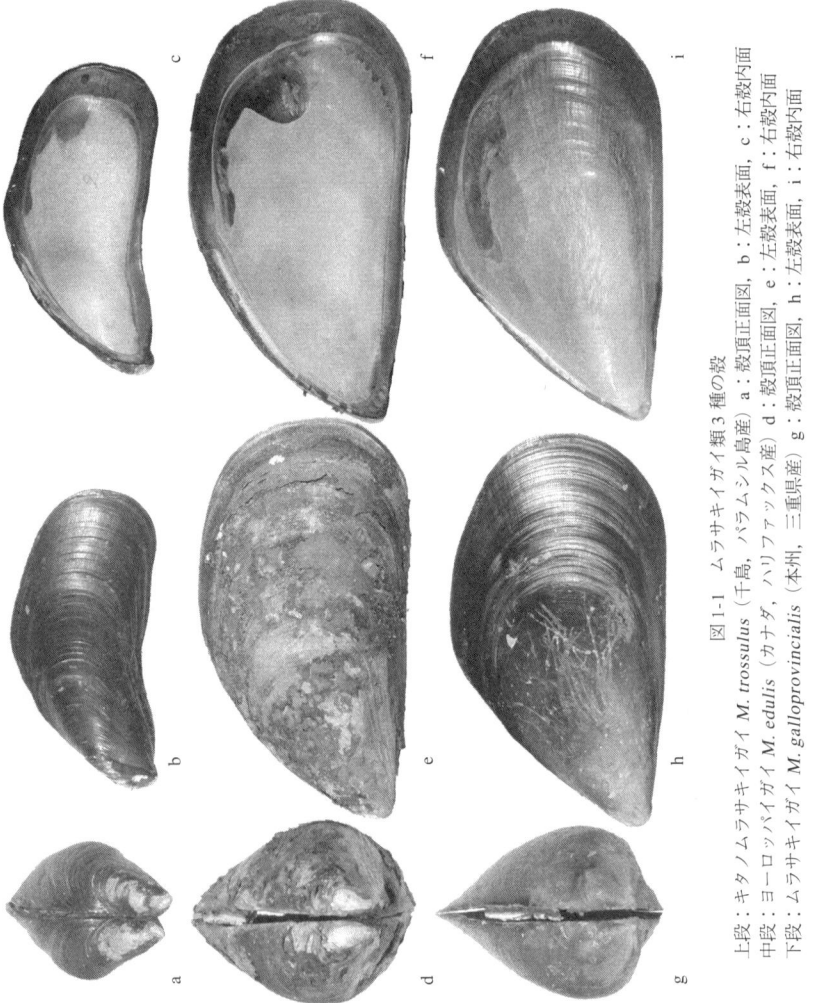

図1-1 ムラサキイガイ類3種の殻

上段：キタノムラサキイガイ *M. trossulus*（千島、パラムシル島産） a：殻頂正面図, b：左殻表面, c：右殻内面
中段：ヨーロッパイガイ *M. edulis*（カナダ、ハリファックス産） d：殻頂正面図, e：左殻表面, f：右殻内面
下段：ムラサキイガイ *M. galloprovincialis*（本州、三重県産） g：殻頂正面図, h：左殻表面, i：右殻内面

3種（図1-1）を，ムラサキイガイ類と呼ぶことにする．また，本稿中のムラサキイガイ類3種の標準和名に関しては，西川の提案[5]する和名セットBにしたがい M. edulis をヨーロッパイガイ，M. galloprovincialis をムラサキイガイ，M. trossulus をキタノムラサキイガイと呼ぶこととする．

1-1　ムラサキイガイ類の分類学的研究史

ムラサキイガイ類の分類学的研究も個別の種の記載から始まった．その分類学的研究史を概観する．

1）記載分類の時代（18世紀中頃から20世紀中頃）：

1758年にスウェーデンの Carl von Linné により「Systema Naturae, 自然の体系（第10版）」[7]が出版された．動物の命名規約はこれを起点としており，同時にムラサキイガイ類の分類学史もここから始まる．この著作は，学名をラテン語もしくはラテン語化した属名と種小名の2つの組み合わせで構成する簡潔な二名式命名法を採用している．

Linné は，ここでイガイ属 *Mytilus* およびムラサキイガイ類の最初の種 *Mytilus edulis* を記載した．属名 *Mytilus* はもともと"イガイ"を意味し，種小名 *edulis* は"食用となる"を意味する．産地は主にヨーロッパの大洋（北大西洋），インド洋，バルト海と記載されている．

1815年，Rafinesque はイガイ属を含めたイガイ科 Mytilidia を創設し[8]，これが今日のイガイ科 Mytilidae の基となっている．

Lamarck は「Histoire naturelle des Animaux sans Vertebres, 無脊椎動物誌　第5巻」(1819)[9]でムラサキイガイ類の第2の種 *M. galloprovincialis* を記載した．種小名 *galloprovincialis* は"ガリア地方（フランス）"を意味する．産地は地中海と記載される．

Gould は合衆国調査探検（United States Exploring Expedition, 1838-1842）で得られた標本から，ムラサキイガイ類の第3の種 *M. trossulus* を記載（1850）した[10,11]．種小名 *trossulus* は"鶏のとさか"を意味する．産地はキルムック（オレゴン州）と記載されているが，現在のティラムック地方[12]である．

以上のムラサキイガイ類3種の原記載ラテン語原文および日本語訳を表1-1に示す．

表1-1　ムラサキイガイ類3種の原記載ラテン語原文および日本語訳．

ヨーロッパイガイ　*Mytilus edulis* Linnaeus, 1758	
M. testá laeviuscula violacea , valvulis obliquis postice acuminatis .	
殻はやや滑らかで紫色，殻片は背側（靭帯）で傾き鋭く尖る．	
ムラサキイガイ　*Mytilus galloprovincialis* Lamarck, 1819	
M. testá oblongo-ovali , superne dilatato-compressá ; angulo anticali infero ; postico latere basi tumidulo.	
殻は長卵形，上側（背縁部）は拡大し扁平．角（殻頂）は前下方にある．後側面は殻底で膨大する．	
キタノムラサキイガイ　*Mytilus trossulus* Gould, 1850	
T. parva , elongata , subarcuata , nitida , coracina , subtus caerulea ; umbonibus remotis excurvatis , 5-denticulatis ; marginibus sub-parallelis ; margine ligamentali adscendente , recto , angulato ; fastigio　umbonali tumido , obtuso , intus cretato , limbo atro ; cicatrice palleali. Long . 1 1/4 ; alt. 1 3/5 ; lat. 1/2 poll.	
殻は小型で，長く，やや弓状に曲がり，光沢があり，烏色（黒色），下方は青い．殻頂は離れて外側に曲がり，5小歯を有す．周縁（背縁と腹縁）はやや平行的．靭帯の縁部は上行し，直線的で，角がある．殻頂の尖りは膨れ，鈍い．内面は白墨色で，周縁部は黒い．痕跡（筋痕）は青い．長さ1.25インチ．高さ　1.6インチ．幅0.5インチ．	

19世紀後半，Adams and Adams は現世軟体動物属名表[13]中のイガイ属に *M. edulis*, *M. trossulus* を有効名とした．Reeve はイガイ属の論文[14]で *M. edulis* を有効名とした．

20世紀に入り，Jukes-Browne はイガイ科の再検討[15]で *M. edulis*, *M. galloprovincialis* を有効名とした．Lamy はイガイ科についての論文[16]で，ムラサキイガイ類の上記3種を有効名とした．Soot-Ryen[1]は *M. edulis* を有効名とし，25のシノニムのなかに *M. galloprovincialis*, *M. trossulus* も含めた．

2）新たな生物学手法による再構成時代（20世紀後半）：

1950年代以降，ムラサキイガイ類の分類学的研究は古典的な記載分類から新しい生物学的方法論へと移行していった．

Hepper[17]はイギリス南部に分布する Padstow 型のムラサキイガイが地中海の *M. galloprovincialis* であることを殻形と外套縁の色彩から指摘した．これを受け，Seed[18]は殻形，繁殖期の違いとともに，タンパク質の電気泳動による2

種の区別から，*M. edulis* と *M. galloprovincialis* が同所的に分布する別種であることを突き止めた．Verduin [19] も殻の測定値比較から同様な結論を得ている．

これ以降タンパク質電気泳動法が強力な武器となり，*M. edulis* と *M. galloprovincialis* の同所的個体群間の自然交雑帯が発見され [20]，明瞭な区別が困難な *M. edulis*「種群」という見解が示された [21]．

ムラサキイガイ類に，酵素の遺伝子頻度や多型から区別される第3種めの *M. trossulus* が再発見 [22] され，アメリカ太平洋岸の *M. galloprovincialis* と *M. trossulus* の交雑 [23, 24] が，またバルト海の *M. edulis* と *M. trossulus* の交雑帯 [25] も存在することが報告された．

1990年代に入り，1950年代以降のムラサキイガイ研究は最終局面を迎え，1991年にMcDonaldら [26] は世界48地点のムラサキイガイ類の殻形態およびアロザイムデータの正準判別分析結果から，南北両半球での分布，交雑帯について総合的に研究した．翌1992年，これまでの研究成果の集大成としてGosling編集の「The Mussel *Mytilus*」[27] にムラサキイガイ類研究の総説が発表された．

遺伝子レベルの研究として，Inoue 他 [28] は種固有の接着タンパク質を発見し，核遺伝子の塩基配列レベルでの3種およびその交雑個体の識別が可能となった．

最近の mtDNA の研究から，南半球のムラサキイガイ類は北大西洋起源であり，太平洋起源ではないという結果も得られている [29]．

1-2　北海道・千島のムラサキイガイ類の分類学的研究史

オホーツク海域でのムラサキイガイ類の初めての報告は1851年のMiddendorff [30] による *M. edulis* の報告である．

北海道におけるムラサキイガイ類の最初の報告は，アメリカの Perry 艦隊の採集品を調査した Jay [31] による *M. ungulatus*（*M. edulis*?：Dodge [32] を参照）である．

次いで，Schrenck [33] が報告した，函館湾からのロシア人医師 Albrecht 採集の *M. edulis* と，Albrecht およびロシア人外交官 Goschkewitsch 採集の *M. ungulatus* である．

20 世紀に入ると，平瀬の標本カタログ[34]に標本番号 1586 の千島産 *M. edulis* があり，これが日本人による日本産ムラサキイガイ類の最初の記述である．

これ以降，北海道・千島の在来ムラサキイガイ類は *M. edulis* [6]として扱われたが，鹿間[35]，波部・伊藤[36]は北海道南部のものは外来種の *M. galloprovincialis* である可能性を示し，波部[37]は在来種を *M. edulis edulis*，移入種を *M. edulis galloprovincialis* と別亜種として扱った．Scarlato[38]は北海道・千島のムラサキイガイ類を亜種 *M. edulis kussakini* として扱った．細見[39]は殻長－殻重量間の相対成長の差から，厚岸からアラスカに分布する日本在来種は *M. edulis* と異なることを指摘した．

1990 年に McDonald ら[40]により，ソ連極東のムラサキイガイ類は *M. trossulus* と同定され，Kafanov のチェックリスト[41]では *M. galloprovincialis*，*M. trossulus* の 2 種とされた．Ivanova and Lutaenko[42]はモネロン

図1-2　木下・諫早[47]の津軽海峡産標本（左：No.15，

島および国後島から M. galloprovincialis の分布を報告した。Buyanovsky[43] は M. trossulus を占守(シュムシュ)島,カムチャッカ半島南端,コマンダー諸島から報告した.

現在,桒原[6]により北海道の外来種は M. galloprovincialis,在来種は M. trossulus と同定され,Inoue 他[44]により津軽海峡付近で M. galloprovincialis と M. trossulus の接着タンパク遺伝子をヘテロでもつ交雑個体が確認されている.

1-3 殻形質によるムラサキイガイ類の再検討

現在,ムラサキイガイ類の殻の分類形質として,内面の靱帯下真珠層(subligamental nacre)が注目されており,ロシアの Zolotarev and Shurova[45] が 1997 年に,米英の Carter and Seed[46] が 1998 年に異なる視点から独立に報告している.

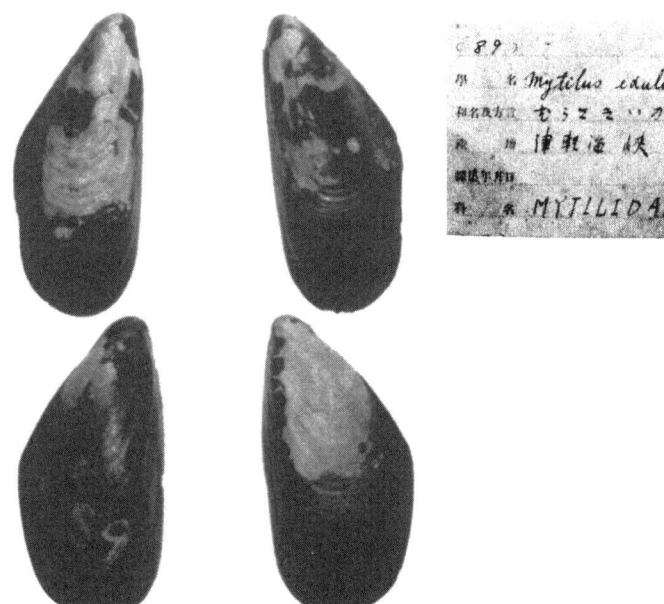

右:No.89)とラベル(北海道立中央水産試験場所蔵)

Zolotarev and Shurova はピーター大帝湾からロサンゼルスまでの北部太平洋 18 地点のムラサキイガイ類の標本から靭帯下真珠層境界と靭帯（ligament）の分離度の有効性について，交雑個体も含め論議している．

　Carter and Seed は貝殻内面の真珠層（nacre, nacreous layer）を構成する炭酸カルシウム（$CaCO_3$）結晶のアラレ石（aragonite）を染色する Feigl 染色を用い，結晶構造の異なる炭酸カルシウム結晶の方解石（calcite）と分染し，SEM 画像と組み合わせ結晶構造を観察した．全世界 50 地点のムラサキイガイ類 3 種の殻構造に観察結果から，水温環境と結晶構造の関連も含め報告しており，特に *M. trossulus* は，靭帯下方解石（subligamental calcite）が最も豊富かつ個体変異幅が大きく，他 2 種から区別されることを示した．

　筆者は，靭帯下真珠層も含め，北海道・千島海域でのムラサキイガイ類の殻形質による分類の試みとして，金丸[2]報告の *M. edulis*（すなわち *M. galloprovincialis*）侵入以前に採集された標本調査を行った．日本に *M. galloprovincialis* が侵入する以前に採集された標本は，少なくとも *M. trossulus* 単一種の個体群の標本と考えられ，これらと本州以南の移入 *M. galloprovincialis* 単一種の個体群との殻形質の比較を行うことで，両者の区別点が明確化できる可能性がある．

　金丸報告以前に採集され，現在までその所在が判明した標本としては，栗原の報告した北海道立中央水産試験場（HCFES）所蔵の木下・諫早[47]の津軽海峡産標本（図 1-2）および西川の報告した国立科学博物館（NSMT）所蔵の岩川[48]の千島産および北海道産標本（図 1-3）がある．今回，国立科学博物館に黒田・木場[49]の千島北部の阿頼度（アライド）島産標本（図 1-4）を確認・調査することができた．

　残りの標本は国立科学博物館所蔵標本，日本・アメリカ・ロシアの 3 ヶ国協同調査として 1995 年から 1997 年に実施された国際千島調査（IKIP）[*]の標本および著者のコレクションであり，ムラサキイガイ類全 3 種を含み，合計 47 地点 1837 個体である（表 1-2）．

---

[*] 日本学術振興会基金（BSAR-401）および全米科学財団基金（DEB-9400821，DEB-9505031）

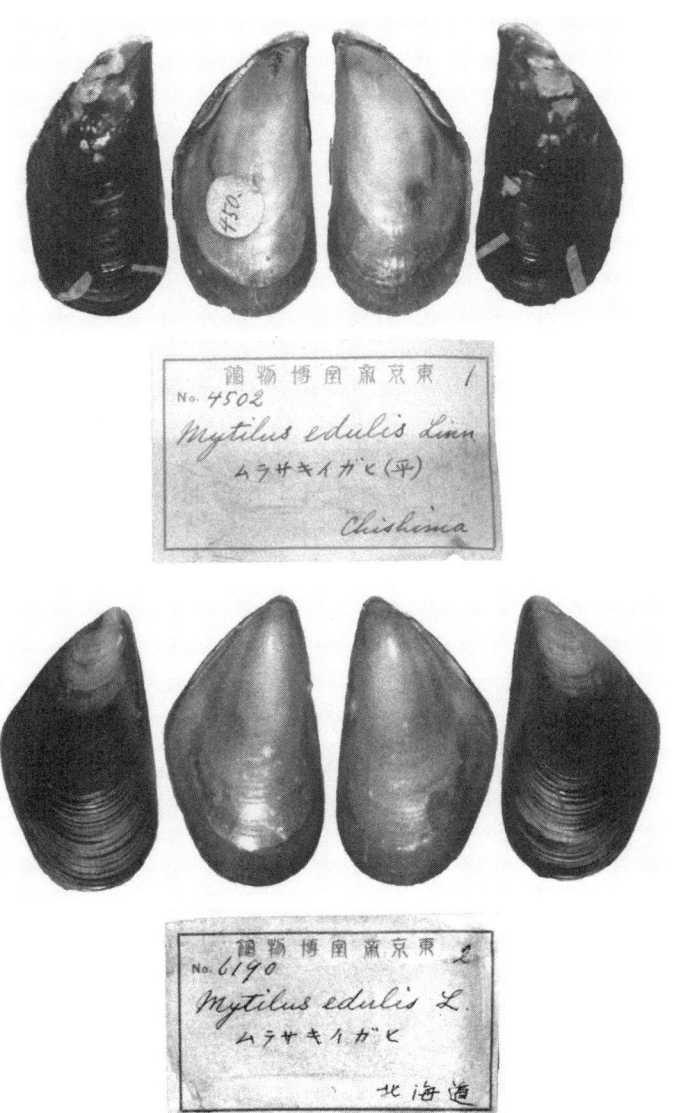

図1-3 Iwakawa [48] の千島産（上段：No.4502）および北海道産（下段：No.6190）標本とラベル（国立科学博物館所蔵）.

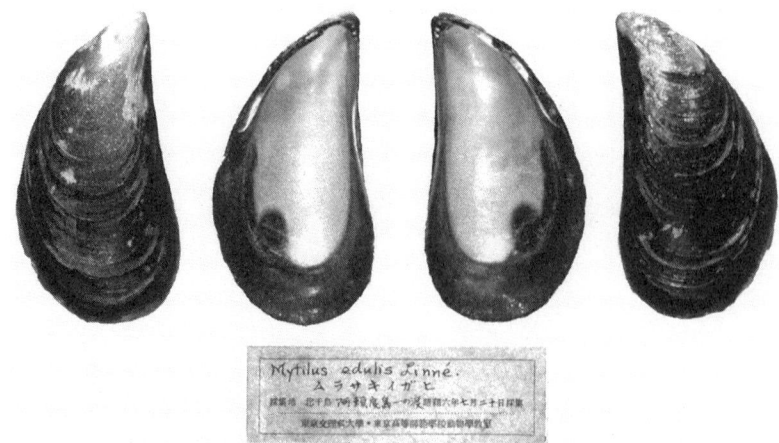

図1-4　Kuroda and Koba [49] の千島阿頼度（アライド）島産標本とラベル（国立科学博物館所蔵）.

表1-2　今回確認したムラサキイガイ類標本リスト．（　）内の番号は標本番号．
NSMT：国立科学博物館．HCFES：北海道立中央水産試験場．IKIP：国際千島調査．*M.t.*：キタノムラサキイガイ．*M.g.*：ムラサキイガイ．*M.e.*：ヨーロッパイガイ．

		採集地点	*M.t.*	中間型	*M.g.*	*M.e.*	摘　　要
太平洋岸	アメリカ	シアトル	5		4		
		ティラムック	1				NSMT：キタノムラサキイガイの模式産地
		ブリストル湾	5				
	ロシア	マガダン	28				
		カムチャッカ東岸	5				NSMT
		カムチャッカ西岸	4				NSMT
		千島列島					
		アライド島	3				"MSMT : Kuroda & Koba, 1933"
		シュムシュ島	54				IKIP
		パラムシル島	49				IKIP
		オンネコタン島	34				IKIP
		ウシシル島	2				IKIP
		ウルップ島	8				NSMT
		エトロフ島	1				IKIP
		千島？	3				"NSMT : Iwakawa, 1919 (4502)"

	採集地点		$M.t$	中間型	$M.g$	$M.e$	摘　　要
太平洋岸	日本	北海道					
		厚岸	14				NSMT
		野付	2				
		羅臼	37	2	18		NSMT：中間型（$M.t \times M.g$?）
		網走湾	27	32	333		中間型（$M.t \times M.g$?）
		能取湖	1		1		
		サロマ湖	86	140	624		中間型（$M.t \times M.g$?）
		猿払			4		
		稚内			13		
		天売島			27		
		焼尻島			7		
		武蔵堆			3		
		小樽			5		
		函館			1		NSMT
		虻田	57		6		
		伊達			6		
		室蘭	3	3	12		中間型（$M.t \times M.g$?）
		登別			1		
		津軽海峡？	4				"HCFES：Kinoshita & Isahaya, 1934（15,89）"
		北海道？	2				"NSMT：Iwakawa, 1919（6190）"
	本州						
		気仙沼（岩手県）			2		
		横浜（神奈川県）			17		
		下田（静岡県）			1		
		南勢（三重県）			25		
		白浜（和歌山県）			36		
	九州						
		関門海峡（福岡県）			4		
大西洋岸	オーストラリア	タスマニア島				2	$M.\ planulatus$
	カナダ	ハリファックス	12	2		32	中間型（$M.t \times M.e$?）
		セント・マリー湾				17	
	アメリカ	ニューヨーク				3	NSMT
		ニューヘヴン				2	NSMT
	ベルギー					1	NSMT
	オランダ					2	NSMT
	イタリア	イスキア				2	
		総標本数	447	179	1152	59	1837

1. 北海道におけるキタノムラサキイガイとムラサキイガイ

観察の結果，ムラサキイガイ類3種の殻による判別形質を表1-3に示し，*M. galloprovincialis* と *M. trossulus* の判別に有効な形質2，3，6〜8を図1-5に示した．

表1-3 ムラサキイガイ類3種の殻形質

形 質	キタノムラサキイガイ *M. trossulus*	ムラサキイガイ *M. galloprovincialis*	ヨーロッパイガイ *M. edulis*
1 前閉殻筋痕の長さ	短	短	長
2 後足糸筋−後収足筋痕の幅	狭	広	狭
3 後足糸筋−後収足筋痕と背部真珠層境界の幅	狭	広	狭
4 鉸歯の数	少	少	多
5 鉸歯の幅	狭	狭	広
6 最大殻幅の腹縁からの高さ	高	低	中間
7 殻高/殻長比	小	大	中間
8 靭帯下真珠層と靭帯の融合	無	有	有

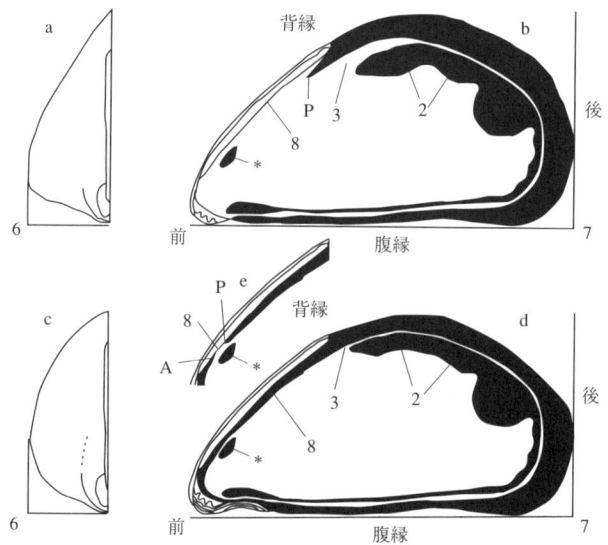

図1-5 ムラサキイガイ，キタノムラサキイガイおよび中間型の殻による判別形質
a：ムラサキイガイ右殻殻頂正面，b：ムラサキイガイ右殻内面，c：キタノムラサキイガイ右殻殻頂正面，d：キタノムラサキイガイ右殻内面，e：中間型右殻内面靭帯下，*：前収足筋痕（anterior retractor muscle scar），L：靭帯（ligament），矢印A：靭帯下真珠層境界前端，矢印P：靭帯下真珠層境界後端，2, 3, 6-8：表1-3を参照．

図 1-5d の *M. trossulus* 内面では，靱帯下真珠層が靱帯と完全に分離するため，*M. trossulus* の内面は，中央部は白く，周縁部は黒い．*M. trossulus* の原記載（表 1-1）にある「内面は白墨色で，周縁部は黒い（intus cretato, limbo atro）」はこの形質として解釈すると，Gould は *M. trossulus* の有効な判別形質を記載していたことになる．これは本種を他の 2 種から明確に区別する形質であり，Zolotarev and Shurova や Carter and Seed らの結果も同様である．

図 1-5b の *M. galloprovincialis* 内面で靱帯下真珠層と靱帯が融合し，矢印 P で示す靱帯下真珠層境界後端が前収足筋痕（anterior retractor muscle scar）後端から靱帯後端間に存在する．

靱帯下真珠層と靱帯の分離度を基準に標本同定を行った結果，*M. trossulus* は北海道の噴火湾，厚岸，根室海峡，網走湾周辺に分布し，噴火湾，根室海峡，および網走湾周辺では *M. galloprovincialis* と同所的に分布する．

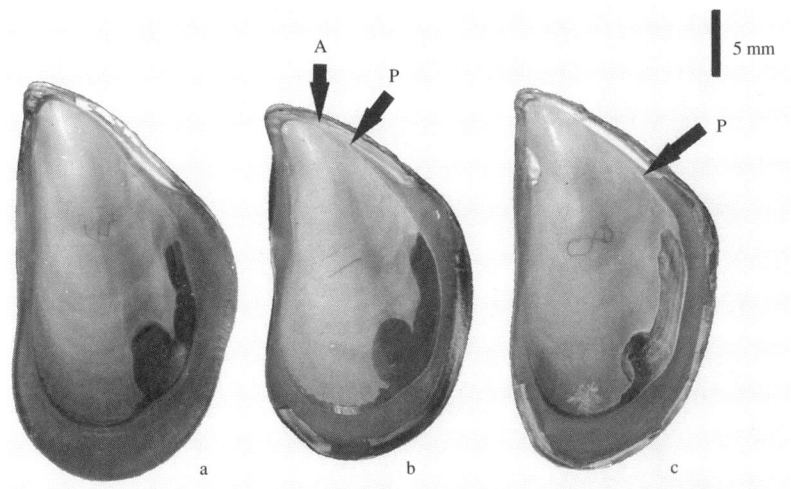

図1-6 室蘭産ムラサキイガイ，キタノムラサキイガイおよび中間型の右殻内面
a：キタノムラサキイガイ，b：中間型，c：ムラサキイガイ，矢印 A：靱帯下真珠層境界前端，矢印 P：靱帯下真珠層境界後端

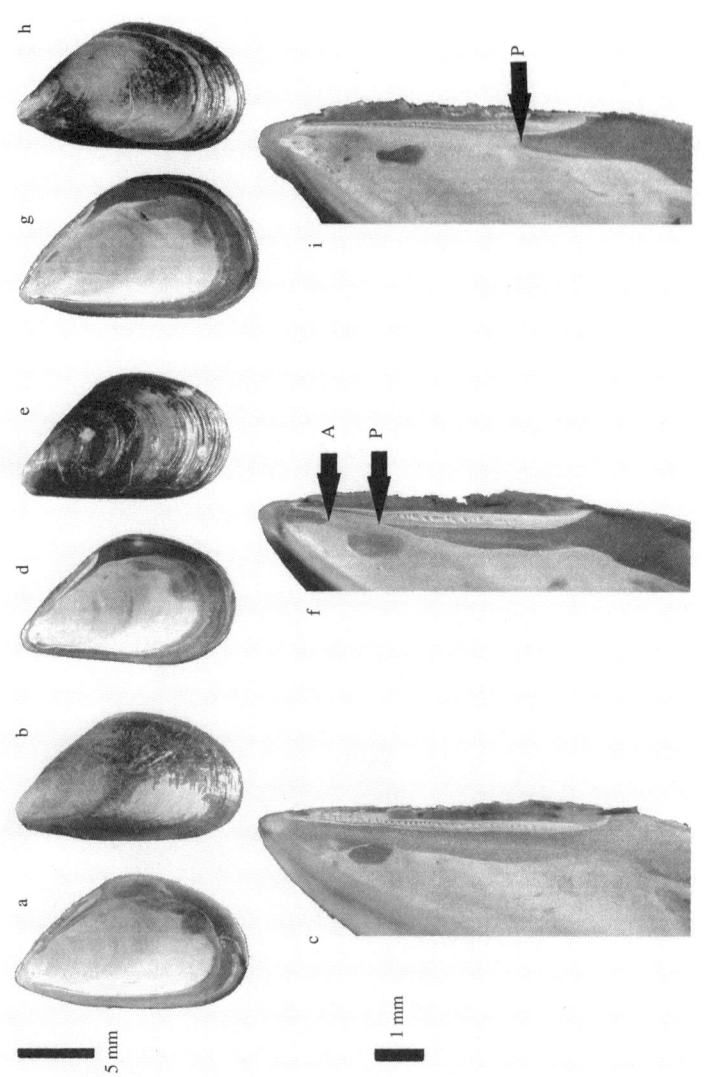

図1-7 網走産ムラサキイガイ，キタノムラサキイガイおよび中間型の右殻内面．キタノムラサキイガイ a：右殻内面，b：左殻表面，c：右殻内面靭帯下．中間型 d：右殻内面，e：左殻表面，f：右殻内面靭帯下．ムラサキイガイ g：右殻内面，h：左殻表面，i：右殻内面靭帯下．矢印A：靭帯下真珠層境界前端，矢印P：靭帯下真珠層境界後端．

1．北海道におけるキタノムラサキイガイとムラサキイガイ

実は前収足筋痕と靭帯下真珠層の位置関係の観察から，2種の同所的分布域では，図1-5eの矢印Aで示す靭帯下真珠層境界前端と矢印Pで示す靭帯下真珠層境界後端が存在し，前収足筋痕後端から殻頂間で真珠層が靭帯と融合する中間個体が見られた（図1-6，1-7）．

表1-4　ムラサキイガイとキタノムラサキイガイの検索表

1a 靭帯下真珠層が靭帯と分離する	キタノムラサキイガイ	*Mytilus trossulus*
1b 靭帯下真珠層が靭帯と融合する	2	
2a 靭帯の殻頂から前収足筋痕後端の間で融合する	中間型（交雑個体？）	
2b 靭帯の2a以外の部分でも融合する	ムラサキイガイ	*Mytilus galloprovincialis*

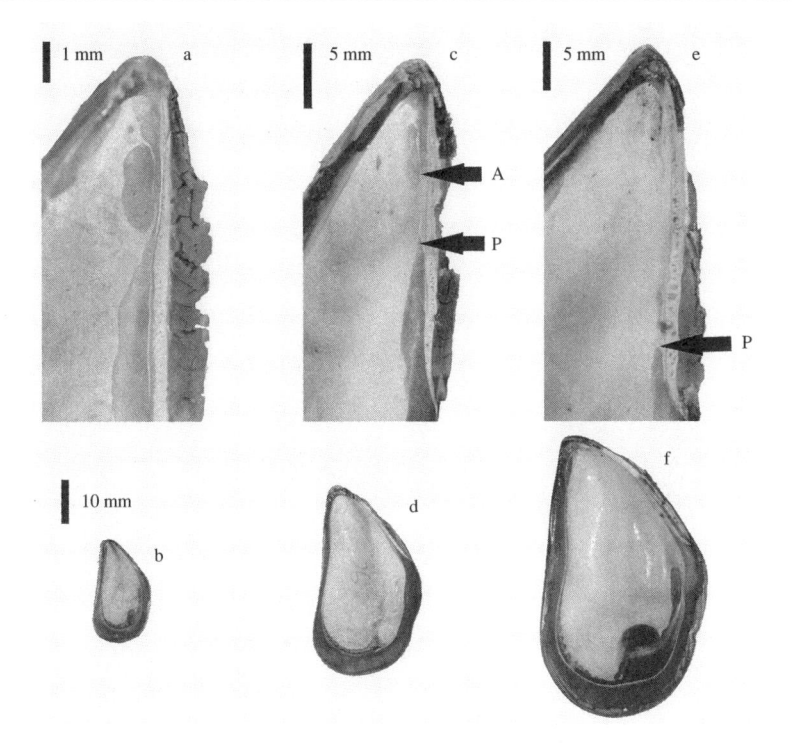

図1-8　ハリファックス産キタノムラサキイガイ，ヨーロッパイガイおよび中間型の右殻内面．キタノムラサキイガイa：右殻内面靭帯下，b：右殻内面．中間型c：右殻内面靭帯下，d：右殻内面．ヨーロッパイガイe：右殻内面靭帯下，f：右殻内面，矢印A：靭帯下真珠層境界前端，矢印P：靭帯下真珠層境界後端．

ここで *M. galloprovincialis* と *M. trossulus* の中間個体を考慮した検索表を表1-4に示す.

M. edulis, *M. trossulus* が同所的に分布し, 両種自然交雑が確認 [50] されているハリファクス（カナダ大西洋岸）産標本においても, 殻形質の中間個体が見られた（図1-8）. *M. edulis* − *M. trossulus* 中間個体は矢印Aで示す靱帯下真珠層境界前端と矢印Pで示す靱帯下真珠層境界後端が存在するが, 前収足筋痕前端から靱帯後端間で真珠層が靱帯と融合し, *M. galloprovincialis* − *M. trossulus* 中間個体とは異なる. ただし, 標本数が僅か2個体と少ないため,

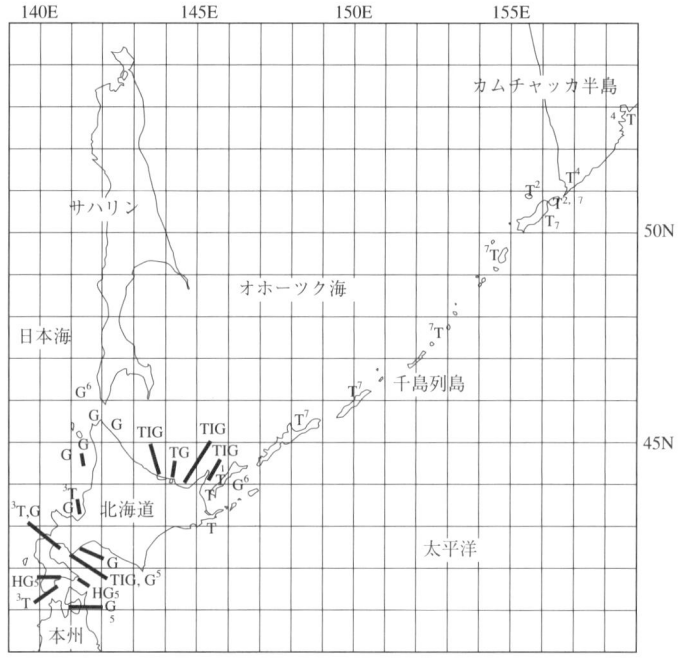

図1-9 北海道・千島列島におけるムラサキイガイ類の分布.
G：ムラサキイガイ *M. galloprovincialis*. T：キタノムラサキイガイ *M. trossulus*. H：GとTの交雑個体, I：GとTの殻形態の中間型, 1：黒田 [52], 2：Kuroda and Koba [48], 3：木下・諫早 [47], 4：Buyanovsky [43], 5：Inoue et al [44], 6：Ivanova and Lutaenko [42], 7：IKIP（1995-1997）.

M. edulis－*M. trossulus* 中間個体の殻形質の詳細は未解決である．

最後に文献 [42~44, 47~49, 51, 52] も含め，北海道・千島周辺のムラサキイガイ類の分布図を示す（図 1-9）．2 種の同所的分布域でのみ *M. galloprovincialis*－*M. trossulus* 中間個体が観察される点と，*M. galloprovincialis*，*M. trossulus* の自然交雑の報告 [44] を考慮した場合，*M. galloprovincialis*－*M. trossulus* 中間個体は両種の自然交雑個体の可能性がある．以上の結果，渡島半島から国後島までの太平洋沿岸および，網走周辺のオホーツク海沿岸は *M. galloprovincialis* と *M. trossulus* の自然交雑帯である可能性が高い．

今後，北海道・千島海域の *M. galloprovincialis*，*M. trossulus*，および両種の中間個体の殻形質と DNA による同定結果の整合性を検討する必要がある．

文　献

1) T. Soot-Ryen : A report on the Family Mytilidae (Pelecypoda), *Allan Hancock Pacific Exped.*, **20** (1), 1-175 (1955).
2) 金丸但馬：貝類の付随移動並に帰化，貝雑, **5** (2-3), 145-149 (1935).
3) 梶原　武：ムラサキイガイ－浅海域における侵略者の雄，日本の海洋生物，侵略と撹乱の生態学（沖山宗雄・鈴木克美編），東海大学出版会，pp.49-54, (1985).
4) N. P. Wilkins, K. Fujio, and E. M. Gosling : The Mediterranian mussel *Mytilus galloprovincialis* Lmk. in Japan, *Biol. J. Linnean Soc.*, **20**, 365-374 (1983).
5) 西川輝昭：ムラサキイガイかチレニアイガイか－動物和名選定のケーススタディ, *Sessile Organism*, **13** (2), 1-6 (1997).
6) 桑原康裕：ムラサキイガイの正体，北水試だより, **21**, 14-18 (1993).
7) C. V. Linne : Systema naturae, 1, Holmiae, Laurentii Salivii, 1758, 824pp.
8) A. J. Cain : Constantin Samuel Rafinesque Schmaltz on classification, *Tryonia*, **20**, frontispiece, 1-240 (1990).
9) J. P. P. A. de M. de Lamarck : Histoire naturelle des Animaux sans Vertebres, 6, Verdiere, Paris, 1819, 232pp.
10) A. A. Gould : Shells collected by the United States Exploring Expedition under the command of Charles Wilkes, *Proc. Boston Soc. Nat. Hist.*, **3**, 343-348 (1850).
11) A.A. Gould, : Otia Conchologica: Descriptions of shells and mollusks, from 1839 to 1862, Gould and Lincoln, Boston, 1862, 256pp.
12) R. I. Johnston : The recent Mollusca of Ausgustus Addison Gould, *U. S. Nat. Mus. Bull.*, **239**, 182pp., 45 pls. (1964).
13) H. Adams and A. Adams : The genera of Recent Mollusca ; arranged according to their

organization, II, John Van Voorst, London, 1854-58, 663pp.
14) L. Reeve : Monograph of the genus *Mytilus* , *Conch.Icon.*, **10**, 1-11 (1857-58).
15) A. J. Jukes-Browne : A review of the genera of the family Mytilidae, *Proc. Malac. Soc. London*, **6**, 211-224 (1905).
16) E. Lamy : Revision des Mytilidae vivants du Museum national d'Histoire naturelle de Paris, *J. de Conchyl*, **80**, 66-102, 107-198 (1936).
17) B. T. Hepper : Notes on *Mytilus galloprovincialis* Lamarck in Great Britain, *J. Mar. Biol. Ass. U. K.*, **36**, 33-40 (1957).
18) R. Seed : Phylogenical and biochemical approah to the taxonomy of *Mytilus edulis* L. and *M. galloprovincialis* Lmk. from S. W. England, *Cah. Mar. Biol.*, **12**, 291-322 (1971).
19) A. Verduin : Conchological evidence for the separate specific identity of *Mytilus edulis* L. and *M. galloprovincialis* Lam., *Basteria*, **43**, 61-80 (1979).
20) D. O. F. Skibinski, M. Ahmad, and J. A. Beardmore : Genetic evidence for naturally occurring hybrids between *Mytilus edulis* and *Mytilus galloprovincialis* , *Evolution*, **32**, 354-364 (1978).
21) E. M. Gosling : The systematic status of *Mytilus galloprovincialis* in western Europe : a review, *Malacologia*, **25** (2), 551-568 (1984).
22) S. L. Varviola, R. K. Koehen, and R. Vainola : Evolutionary genetics of the *Mytilus edulis* complex in the North Atlantic region, *Mar. Biol.*, **98**, 51-60 (1988).
23) J. H. McDonald, and R. K. Koehn : The mussels *Mytilus galloprovincialis* and *M. trossulus* on the Pacific coast of North America, *Mar. Biol.*, **99**, 111-118 (1988).
24) S. K. Sarver and D. W. Foltz : Genetic population structure of a species' complex of blue mussel (*Mytilus* spp.), *Mar. Biol.*, **117**, 105-112 (1993).
25) R. Väinölä and M. M. Hvilsom : Genetic divergence and a hybrid zone between Baltic and North Sea *Mytilus* populations (Mytilidae: Mollusca), *Biol. J. Linnean Soc.*, **43**, 127-148 (1991).
26) J. H. McDonald, R. Seed, and R. K. Koehn : Allozymes and morphometric characters of three species of *Mytilus* in the Northern and Southern Hemispheres, *Mar. Biol.*, **111**, 323-333 (1991).
27) E. M. Gosling (ed.) : The Mussel *Mytilus* : Ecology, Physiology, Genetics and Culture, Elsevier, Amsterdam, 1992, xix+589pp.
28) K. Inoue, J. H. Waite, M. Matsuoka, S. Odo, and S. Harayama : Interspecific variations in adhesive protein sequences of *Mytilus edulis*, *M. galloprovincialis*, and *M. trossulus* , *Biol. Bull.*, **189**, 370-375 (1995).
29) T. J. Hilbish, A. Mullinax, S. I. Dolven, A. Meyer, R. K. Koehn and P. D. Rawson : Origin of the antitropical distribution pattern in marine mussels (*Mytilus* spp.) : routes and timing of transequatorial migration, *Mar. Biol.*, **136**, 69-77 (2000).
30) A. Th. v. Middendorff : Reise in den Äussersten norden und osten Sibiriens, II. Zoologie, 1. Wirbellose Thiere, St. Petersburg, 1851, 516pp., XXXII pl.

31) J. C. Jay : Report on the shells collected by the Japan Expedition, in "Narrative of the Expedition of an American Squadron to the China Sea and Japan in 1852-1854, under the Command of Commandore M. C. Perry", 2, pp.291-297, pl.1-4, (1857).
32) H. Dodge : A historical review of the mollusks of Linnaeus, Part I, The classes Loricata and Pelecypoda, *Bull. Am. Mus. Nat. Hist.*, 100 (1), 1-264 (1952).
33) L. Schrenck : Mollusken des Amurlandes und des Nordjapanischen Meeres, in "Reisen und Fordchungen im Amur-Lande, in den Jahren 1854-1856", 2 (3), St. Petersburg, pp. 259-976, pls.12-28, (1867).
34) Y. Hirase : Catalogue of Marine Shells of Japan to be had of Y. Hirase, Kyoto, 1907, 49pp., III pls.
35) 鹿間時夫：原色図鑑続世界の貝，北隆館，1964，2+212pp.
36) 波部忠重・伊藤　潔：原色世界貝類図鑑（1）．北太平洋編，保育社，1965，IX+176pp., 56 pls.
37) 波部忠重：日本産軟体動物分類学二枚貝綱／掘足綱，北隆館，1977，xiii+372pp.
38) O. A. Scarlato : Bivalve mollusks of temperate latitudes of the western portion of the Pacific Ocean, *Opredeliteli po Fauna SSSR*, 126, 1-430, pl.1-64, 431-479 (1981).
39) 細見彬文：ムラサキイガイの生態学，山海堂，1989，137pp.
40) J. H. McDonald, R. K. Koehn, E. S. Balakirev, G. P. Manchenko, A. I. Podovkin, S. O. Sergievsky, and K. V. Krutovsky : Species identity of the "common mussel" inhabiting the Asiatic coasts of the Pacific Ocean, *Biol. Morya*, 1, 13-22 (1980).
41) A. I. Kafanov : Shelf and continental slope bivalve molluscs of the Northern Pacific Ocean: A check-list, 1994. Vladivostok, 200pp.
42) M. B. Ivanova and K. A. Lutaenko : On the distribution of *Mytilys galloprovincialis* Lamarck, 1819 (Bivalvia, Mytilidae) in Russian Far Eastern seas, *Bull. Inst. Malac. Tokyo*, 3 (5), 67-71, 82, pl. 22 (1998).
43) A. I. Buyanovsky : Dependance of morphological variability of shells of the mussel *Mytilus trossulus* (Gould) from habitats, *Ruthenica*, 2 (2), 105-110 (1992).
44) K. Inoue, S. Odo, T. Noda, S. Nakao, S. Takeyama, E. Yamaha, F. Yamazaki, and S. Harayama : A possible hybrid zone in the *Mytilus edulis* complex in Japan revealed by PCR markers, *Mar. Biol.*, 128, 91-95 (1997).
45) N. V. Zolotarev and N. M. Shurova : Interrelations of prasmatic and pearl layers in the shells of the mussel *Mytilus trossulus*, *Biol. Morya*, 23 (1), 26-30 (1997).
46) J. G. Carter and R. Seed : Thermal potentiation and mineralogical evolution in *Mytilus* (Mollusca ; Bivalvia), in "Bivalves : An Eon of Evolution. Paleobiological Studies Honoring Norman D. Newell" (ed. by P. A. Johnston and J. W. Haggart), Univ. Calgary Press, pp.87-117, (1998).
47) 木下虎一郎・諫早隆夫：北海道水産試験場所蔵北海動産貝類目録（第1報），水産調査報告, 33, 1-19, pl.I-XV (1934).
48) T. Iwakawa : Catalogue of Japanese Mollusca in the Natural History Department, Tokyo Imperial Museum, The Tokyo Imperial Museum, 1919, 2+3+318+5+95+38pp.

49) T. Kuroda and K. Koba : Molluscan Fauna of the Northern Kurile Islands. *Bull. Biogeograph. Soc. Jap.*, 4 (2), 151-170, 1 map, pl.XIV (1933).
50) R. K. Koehn : The genetics and taxonomy of species in the genus *Mytilus*, *Aquaculture*, 94, 125-145 (1991).
51) 黒田徳米・木下虎一郎：北海道海産貝類目録，北海道区水産研究所研究報告, 2, 1-40 (1951).
52) 黒田徳米：日本産貝類目録, *Venus*, 3, 付録113 - 付録134 (1932).

2.

ミドリイガイの日本定着

植 田 育 男

　西太平洋・インド洋の熱帯海域沿岸部を原産地とするミドリイガイ（*Perna viridis*）は，1967年に日本で初めて見つかった外来種である．

　ミドリイガイの属す *Perna* 属には，本種の他，アフリカや南アメリカ沿岸に分布するペルナイガイ *P. perna* とニュージーランドに分布するモエギイガイ *P. canaliculus* の3種があるとされる[1]．この3種には外見からの識別点がほとんどないといわれるが，そのなかでも，ミドリイガイは，幼貝時に殻表面にペルナイガイ *P. perna* で見られるジグザグ模様が見られない点，モエギイガイ *P. canaliculus* で見られる軟体部の外套膜に沿って二叉分岐する乳頭状突起（もしくは触手）が見られない点でわずかに識別される[1]．神奈川県の江の島に出現した個体でこれらの識別点を調べた結果，ミドリイガイの特徴を示していた．

　ミドリイガイは潮間帯から浅海の基盤に足糸で付着して生活する．主に植物プランクトンを餌とするろ過摂食を行うが，食餌中には動物プランクトンやデトライタスも見つかる[2]．

　本章では，初めに本種の日本沿岸における出現状況を時間を追って概観し，次に関東周辺に焦点を絞り，1999年の分布調査結果とそれ以前の報告を併せて各出現地点における生息の状況を検討する．さらに生息地の一例として，相模湾の江の島の実態を報告し，最後に人間との関係を含めて本種が今後日本沿岸にさらに定着を進めていく上で予想される問題点や利用可能性について考えてみたい．

2-1　日本沿岸におけるミドリイガイ分布の推移

1) 初めての発見から 1984 年まで（図 2-1）

1967 年 11 月，兵庫県御津町尼谷で海岸に打ち上げられた死殻が採集され[3]，これが本種の日本初記録となる．翌 1968年，発見地に近い相生港においてペルシア～日本航路のタンカーなどに付着した個体が得られる[4]．その後 10 年以上出現記録が途絶え，1980 年和歌山県南部町堺漁港で死殻が見つかる[5]．1983 年高知県大月町小満目湾で養殖いかだに付着した殻長 90 mm の個体が採集される[6]．また同じく 1983 年から，沖縄県の沖縄本島と石垣島川平湾でフィリピンから母貝を輸入し，養殖目的の移植試験が始まった[7~9]．さらに 1984 年大阪府岬町地先で海中のロープやブイに付着した個体が 100 個体以上見つかった[10]．

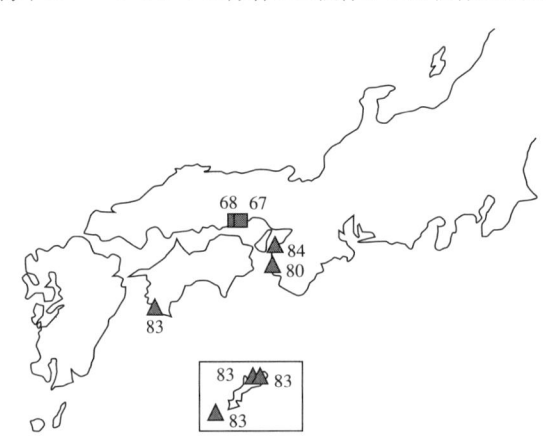

図 2-1　初めて発見から 1984 年までのミドリイガイの出現地点
■：1960 年代出現地点，▲：1980 年代出現地点
図中の数字は出現年の下二桁を示す．以下図 2-2 から 2-4 まで同じ

2) 1985 年以降

関東地方周辺（図 2-2）：1985 年東京都江東区辰巳と千葉県船橋市で本種の死殻が見つかり[11]，この発見以降東京湾内で出現するようになった．例えば，1986 年京浜運河の火力発電所温排水口周辺[12, 13]，川崎火力発電所[14]，横浜火

力発電所取水口周辺[14]で見つかり，1987年には横浜市海岸の複数地点で見つかった[15〜17]．

さらに1988年相模湾内の藤沢市江の島[18]と真鶴町[19]で見つかり，これ以降，相模湾沿岸に出現するようになり[20, 21]，1992年外房沿岸の鴨川市鴨川漁港内で見つかった[22]．また1993年には，駿河湾内の沼津市内浦長浜の伊豆三津シーパラダイス敷地内で見つかり[22]，これ以降駿河湾沿岸に出現するようになった[22, 23]．

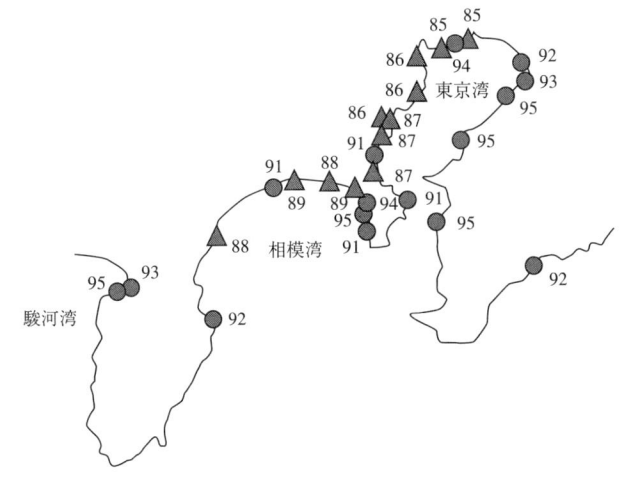

図2-2 1985年以降の関東地方周辺におけるミドリイガイの出現地点
▲：1980年代出現地点，●：1990年代出現地点

中部地方周辺（図2-3）：1991年伊勢湾内の愛知県南知多町野間沖で底引き網漁による漁獲がこの海域での最初の記録[24]で，これ以降1992年に静岡県浜松市天竜川河口沖で採集[22]，1995年愛知県碧南市[25]，美浜町河和[22]で見つかった記録がある．さらに，1997年三重県鳥羽市安楽島町で養殖カキ殻に付着*1．1998年愛知県常滑市内の漁港で多数の付着や*2，同じ1998年頃浜名湖内で付着個体が目撃されている*3．

---

*1 鳥羽水族館　塚田　修氏私信
*2 南知多ビーチランド　杉山重美氏私信
*3 三重大学　木村妙子氏私信

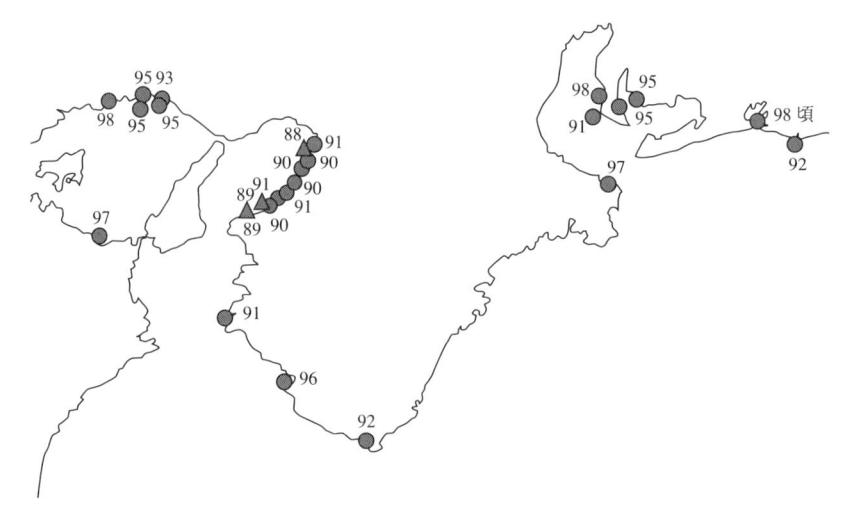

図 2-3　1985 年以降の中部および近畿地方周辺におけるミドリイガイの出現地点
▲：1980 年代出現地点，●：1990 年代出現地点

近畿地方周辺（図 2-3）：1988 年大阪市南港火力発電所周辺で見つかり[*4]，これ以降大阪市から岬町にかけての大阪湾南東岸で出現記録が相次ぐ[26, 27]．1990 年代に入ると大阪湾の周辺海域へ出現地点が広がる状況が見られた．すなわち，南方へ 1991 年和歌山県日高町阿尾沖で見つかり[22]，1992 年に和歌山県串本町潮岬周辺[28]，1996 年に和歌山県白浜町田辺湾内で見つかる[29]．また西方へは，1993 年姫路市姫路港で見つかったのを皮切りに[30]，これ以降姫路周辺で出現記録が増え，1997 年に四国側の香川県引田町沖試験用網地に多数付着[27]，1998 年相生市沿岸カキ養殖場にて，カキ殻に多数付着するのが観察されている[31]．

その他の海域（図 2-4）：以上に述べた海域のほか，次のような地点でも本種が出現した．1992 年頃山形県酒田市の火力発電所[32]，1993 年福岡県北九州市洞海湾[33, 34]，1998 年大分県蒲江町[*5]，1999 年愛媛県双海町[*5]．

[*4] 大阪府立水産試験場　有山啓之氏私信
[*5] 姫路市立水族館　増田　修氏私信

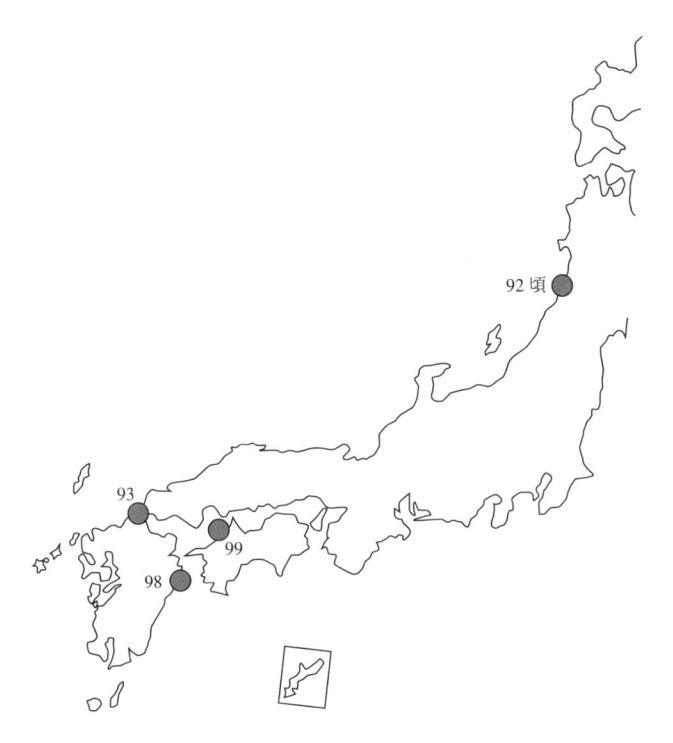

図2-4　1985年以降のその他の海域におけるミドリイガイの出現地点
●：1990年代出現地点

3）出現地点の経時的推移

各地での出現状況を大きく区分すると次の3つの相に分けることができる．

まず，初発見から1980年代前半までは，西日本で散発的に出現している．1985年頃より1990年台初めまでは，東京湾，大阪湾，伊勢・三河湾内のいわゆる三大都市圏沿岸に出現し，各湾内で分布を広げた時期といえる．さらにその後は1999年まで三大都市圏から周辺の海域へと出現地点が広がる傾向を見せ，酒田市や北九州市などの隔絶した地点にも出現するようになった．したがって現在は，主に関東地方以西の太平洋沿岸で東から西へ，また三大都市圏から周辺外海や瀬戸内海へ分布域が拡大する傾向を見せている．

2-2 関東周辺の分布および生息状況

1999年2〜9月に房総半島太平洋岸の千葉県千倉市から駿河湾岸の静岡県焼津市まで合計44地点を調査した結果，18地点でミドリイガイが見つかった（図2-5）．これらの地点における生死の内訳は，付着生貝が見つかったのが11地点に対し，死殻でしか見つからなかったのが7地点で，海域別では，東京湾内が7地点で，他の11地点は全て相模湾・相模灘内だった．

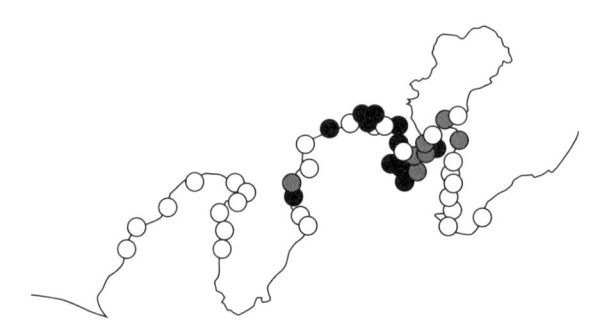

図2-5　1999年の関東地方周辺におけるミドリイガイの分布調査結果
●：生貝出現地点，　◆：死殻出現地点，　○：非出現地点

　この調査では東京湾奥を調査しなかったため，湾奥の分布に関する最新情報は得られなかった．そこで東京湾における最初の発見の1985年から1998年までに報告された関東周辺の出現報告と併せて，関東周辺海域での本種の生息に関する特徴を検討してみる．

　本種の生息状況を検討するに当たって，本種は熱帯原産であることから，温帯域の日本に定着する上で，冬季の低水温が大きな障壁となることが予想される[6, 35〜37]．これまでに得られたほとんどの出現情報は，単発的もしくは短期間の調査結果であり，冬季を通して調査を行わなければ，越冬の可否については判らない．そこで後述の江の島を始めとして，越冬可能な地点と不可能な地点で継続的になされた観察結果[9, 19, 26, 38]を総合すると，次のような越冬可否に関する情報が得られた．

越冬可能の地点は，ミドリイガイが年間にわたって見られる場合，冬季の最低水温期間（多くの海域では 1～3 月）後に付着個体が見られる場合，さらに新生個体が出現する時期（これまでの観察では 7 月～9 月頃）に，餌が豊富であると考えられる三大都市圏の湾岸で殻長 60 mm 以上，餌の乏しいと考えられる相模湾など周辺海域で 45 mm 以上の個体が生息する場合がそれに当る．これに対して越冬不可能の地点は，付着生貝が見つからず死殻のみしか発見されない場所や，底引き網による混獲があっても着生している現場が見られていないために越冬不可能の範疇に入り，さらに新生個体が出現する時期に三大都市圏湾岸で殻長 60 mm 未満，周辺海域で 45 mm 未満の小型の新生個体のみであれば，それに当たると仮定した．

　これらの情報から，短期間の調査で得られた出現地点における越冬の可否は，

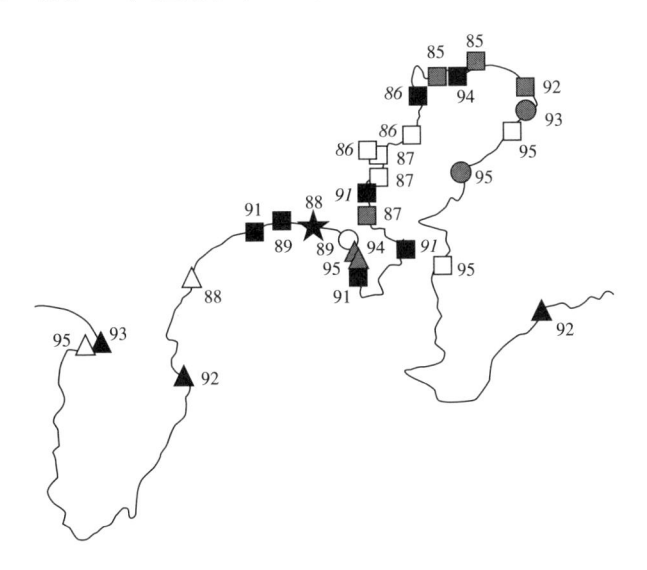

図 2-6　1998 年までの関東地方周辺におけるミドリイガイの生息状況別出現地点
黒塗り：越冬可能地点，灰色：越冬不可能地点，白抜き：越冬可否不明地点　★：自然基盤，□：恒久性の高い基盤，△：恒久性の低い基盤，○：基盤種別不明．温排水の影響が疑われた地点は，出現年数字をイタリック体で表記

調査時期と個体の生死,さらには個体サイズを組み合わせてみるとおおむね判定可能と考えられた.その基準に基づくと1998年までの出現地点では次のようになった.東京湾内の出現地点では,越冬不可能と判定される地点が多かったのに対して,相模湾,駿河湾,外房海域では越冬可能と判定される地点が多かった(図2-6).1999年の調査では,東京湾では越冬可能地点がなく,相模湾内では越冬可能地点が大勢を占めた(図2-7).

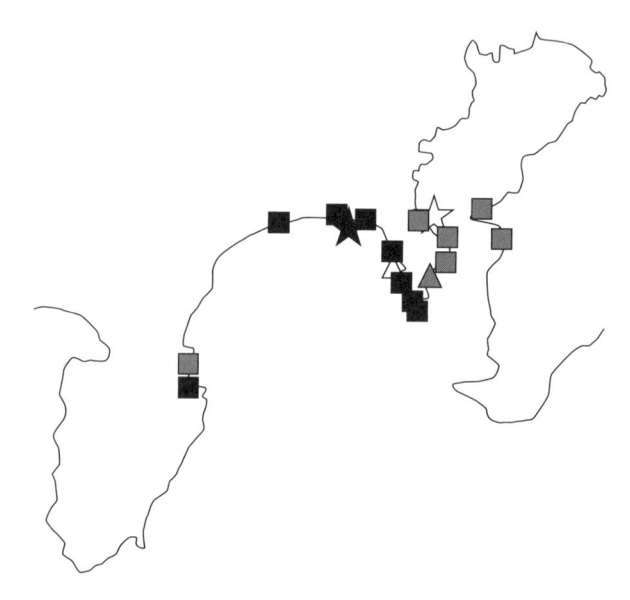

図2-7 1999年の関東地方周辺におけるミドリイガイの生息状況別出現地点
　　　図中のシンボルは図2-6と同じ.温排水の影響が疑われた地点は見られなかった

次に,出現地点の付着基盤を検討する.

1998年までの報告では,人工基盤に付着していた地点がほとんどで,自然基盤の付着例は相模湾江の島北西岸の岩盤など少なかった.さらに人工基盤をコンクリート防波堤,消波ブロック,漁港の船上げスロープなどの恒久性の高い基盤と,定置網,養殖いけす,船の係留ロープやブイなど相対的に恒久性の

低い基盤とに分けてみると，東京湾内では前者への付着例が多く，周辺海域では後者への付着例が多く見られた（図2-6）．1999年の調査では，いずれの海域でも恒久性の高い基盤に付着する例が多かった（図2-7）．

次に温排水の影響について検討した．

1998年までの報告では，本種出現地点の中で温排水の影響が疑われた地点は東京湾内に限られたものの（図2-6），1999年の調査では，同様の地点はいずれの海域でもなかった（図2-7）．

さらに，越冬と温排水，越冬と付着基盤との間に何らかの関連があるかどうか検討してみた（表2-1）結果，1998年までの報告によれば，東京湾内では，越冬に際して温排水との関連が示唆されたのに対して，周辺海域では，温排水の影響がなくても越冬可能な地点が多いことが判った．また，基盤の違いが越冬可否に対して影響をおよぼした可能性はいずれの海域でも低く，周辺海域を見ると，恒久性の低い基盤でも越冬が見られた．1999年の調査によれば，温排水の影響がない条件で，東京湾内では越冬が不可能なのに対して，相模湾内では可能な地点が多い結果となった．基盤と越冬の関係では，観察された地点のほとんどが恒久性の高い基盤であった．

過去3年間の一都三県漁海況速報から，ほぼ毎日観測される付近の水温データに基づいて，1～3月期の平均値を出したグラフ（図2-8）によると，東京湾

表2-1 関東地方周辺のミドリイガイ出現地点における越冬可否と温排水，および付着基盤との関連

| | | 温排水 | | | 付着基盤 | | | |
		有	無	不明	自然	人工恒久性高	人工恒久性低	不明
東京湾								
越冬	可能	13 (0)	4 (0)	0 (0)	4 (0)	17 (0)	0 (0)	0 (0)
	不可	0 (0)	43 (100)	9 (0)	0 (0)	33 (71)	4 (14)	13 (0)
	不明	17 (0)	13 (0)	0 (0)	0 (14)	29 (0)	0 (0)	0 (0)
相模・駿河・外房								
越冬	可能	0 (0)	44 (73)	0 (0)	8 (9)	20 (64)	16 (0)	0 (0)
	不可	0 (0)	8 (9)	0 (0)	0 (0)	0 (9)	8 (0)	0 (0)
	不明	0 (0)	48 (18)	0 (0)	4 (0)	0 (9)	40 (9)	4 (0)

表中の数値は全地点数に対する該当地点数の百分率を示す
数値は1998年までの報告をまとめたもの，括弧内の数値は1999年の調査結果

口部の富津から観音崎の平均水温は明らかに相模湾沿岸の三崎から下田のそれに比べ 3〜5℃低い．現段階では，ミドリイガイにとってどのような温度条件が越冬の可否の決めてとなるかを明確に示すのは難しいが，平均値に表れた差が彼らの越冬に関わっていることを示唆している．

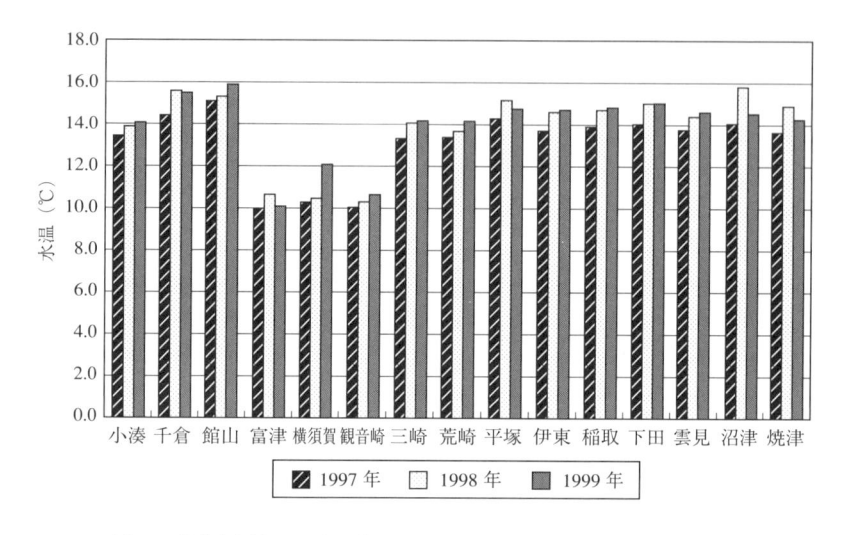

図 2-8　関東地方周辺の漁海況速報から算出された 1〜3 月の各地の平均海水温

2-3　江の島におけるミドリイガイ生息に関する特徴

ミドリイガイが生息する地点で生息の実態について，江の島を例に見ていくことにする．

江の島は相模湾奥部に位置し，周囲約 4 km の島で，北西岸に向かって藤沢市本土より 1 級河川の境川が流出している（図 2-9）．この北西岸は岩礁海岸で，潮間帯下部にミドリイガイが生息する．ここでは 1988 年 1 月に初めて発見されて以来，10 年以上継続して本種が生息し，他個体と接することなく単独で，あるいは数十個体程度までの集団で付着していることが多い．

生息密度を調べるために，1996 年 12 月より 1999 年 9 月まで，月 1〜2 回

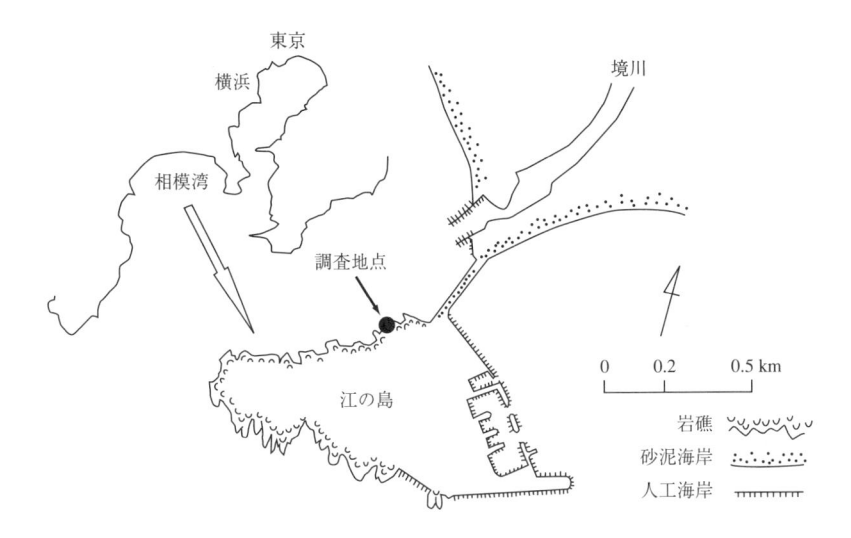

図 2-9　江の島のミドリイガイ調査地点

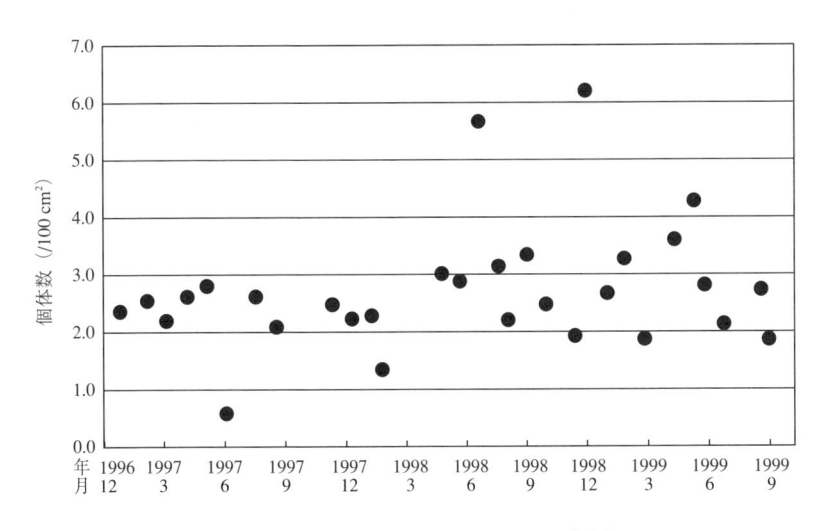

図 2-10　江の島におけるミドリイガイの生息密度
　　　　毎回の調査では，300 cm² コドラートを用いて 5ヶ所前後採集し，その平均個体数を 100 cm² 当たりに換算して示した

2. ミドリイガイの日本定着

の頻度で 300 cm² 方形枠を用いて，潮間帯下部で採集を行った結果，いずれの調査時もほぼ 2 個体 / 100 cm² 以上の密度で生息していた（図 2-10）．さらに採集された個体の殻長を見ると，1997 年 9 月に 10 mm 未満の個体が見られ始め，例年この頃に新生個体が出現した．

1997 年 9 月に採集された殻長 84.1 mm の個体の殻表面を観察すると，殻頂から腹縁に向かって輪脈（同心円脈）が形成され，その中に明瞭に識別される成長の停止による阻害輪が存在した（図 2-11）．この個体は，殻頂より 26.8 mm, 61.8 mm, 70.2 mm 隔てたところに 3 つの阻害輪が見られた．さらに同時に採集された個体には，阻害輪が 0，1，2，3 のものもそれぞれ見られた．

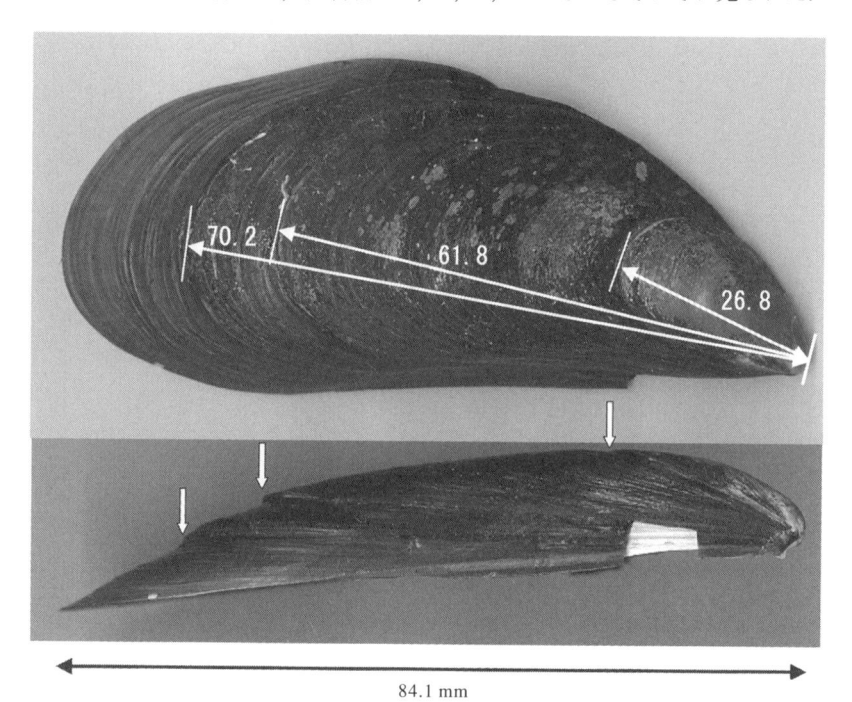

図 2-11　1997 年 9 月 16 日に採集されたミドリイガイ殻の一例．
矢印に示された部位に阻害輪が見られる

阻害輪の数が年間を通じてどのように変化するのか追跡した（図 2-12）．その結果，1 月〜6 月の間は 0・1・2・3 輪をもつ個体が見られたが，7 月，8 月には 0 輪の個体が見られなくなり，9 月になると再度 0 輪の個体が出現した．9 月の 0 輪個体が先述の殻長 10 mm 未満の個体と合致し，しかも輪数の変化は年 1 回であることから，阻害輪は冬季から春季に形成されるものと考えられ，阻害輪の形成が，9 月頃着底した後，越冬し翌年夏まで生存した個体の履歴を示すものと推察される．したがって，1 輪有するものは 1 年の個体であり，2 輪以上のものは輪数年の個体と考えられた．また同時に 0〜3 輪の各輪数をもつ個体が見られることは，4 つの異なる年齢集団が江の島で共存することを示唆している．これまでの採集の中で，4 輪の阻害輪をもつ個体が見られることがあり，江の島での最大寿命は 4 年超だと推察された．

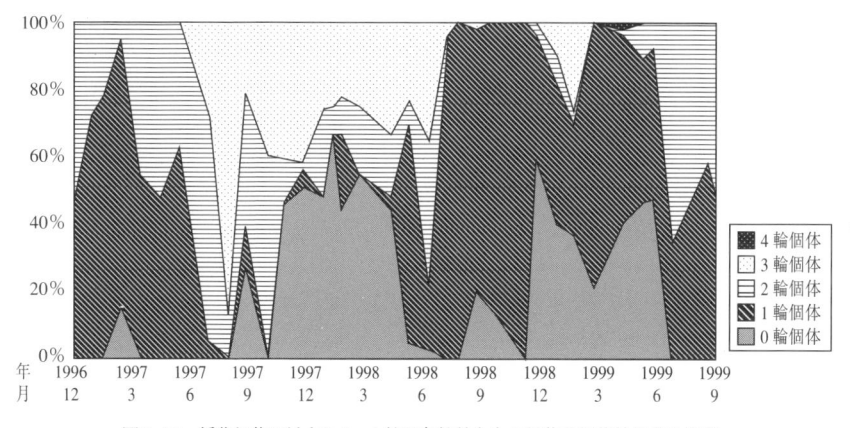

図 2-12　採集個体に対する 0〜4 輪の各輪数をもつ個体の個体数比率の推移

　同じ輪数をもつ個体の殻長平均値について経時的に追跡すると，成長の様子が分かる（図 2-13）．それによると，阻害輪が明瞭になる 7 月頃より成長が活発となり，成長は 12 月頃まで続いた後，翌年の 6 月頃まで不活発となる．平均殻長で見ると，江の島では生まれた年（1998 年生まれのものを 98 年級とする）の 9 月には 8.0（98 年級）〜9.8 mm（97 年級），1 年目の 9 月には 39.6（96 年級）〜43.8 mm（98 年級），2 年目の 9 月には 52.4（97 年級）〜67.2

mm（96 年級），3 年目の 9 月には 76.3 mm（94 年級）に達した．これらの値より概算すると，殻長で表される成長速度は着底 1 年目（98 年級）が約 3.0 mm / 月，2 年目（96 年級）が約 2.3 mm / 月と推定され，熱帯域のフィリピンやタイでの成長速度約 10 mm / 月 [39] に比べかなり遅い．

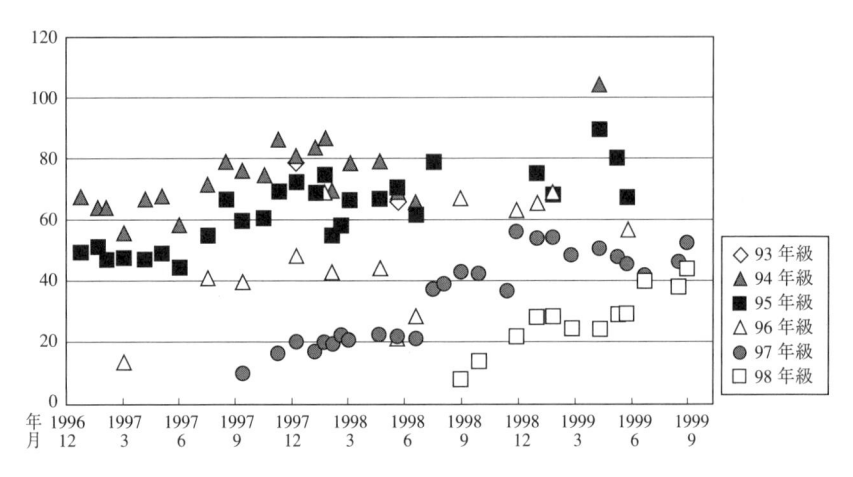

図 2-13　年級別殻長平均値の推移

2-4　今後の問題点と利用可能性

　ミドリイガイと同じイガイ科の外来種ムラサキイガイは，これまでに日本の各地に定着し，様々な問題を引き起こしている [40,41]．相模湾での分布調査によれば，ミドリイガイはムラサキイガイとともに出現する場合が多く [21]，両種はよく似た生活要求を示す傾向がある．過去にムラサキイガイが引き起こした問題も参考にして，ミドリイガイが日本沿岸にさらに分布を広げ，定着を進めていくと，起こりうる問題として次のようなことが考えられる．

1）付着汚損

　取水被害：海水を冷却水として利用する火力発電所や工場などでは，海水の取り入れ口や排水口に付着し，取水量を低下させる懸念がある．さらに目下西

日本沿岸に分布を拡大する傾向にあることから，西日本の原子力発電所でこれから同様の問題が生じる可能性がある．

漁業被害：定置網に付着し漁獲効率低下を招いたり，網の引き上げ保守・洗浄の頻度を上げる．カキ養殖や真珠養殖で収量低下・品質悪化を招く恐れがある．

1998年11月に，相生市沿岸の垂下養殖されたカキ殻でその表面に高密度で付着したミドリイガイが観察されている[31]．養殖カキに付着した例は，伊勢湾の鳥羽市沿岸でも見られた．

ムラサキイガイの場合，マガキに与える影響について次のような報告がある（表2-2）[42]．マガキが付着した原盤にさらにムラサキイガイを0～50個体まで10個体ずつ増やして付着させ，約5ヶ月垂下後にカキの重量の変化を調査した．それによると，実験当初はどのムラサキイガイ密度区もカキの肉質に重量差はなかったのに対して，5ヶ月後にはより高密度区になるほど重量が小さくなった．同様のことはミドリイガイの付着でも生じる可能性がある．

表2-2 マガキの成長に対するムラサキイガイ付着の影響

測定日	項　目	原盤当たりのムラサキイガイ付着数					
		0	10	20	30	40	50
1955/7/14	マガキに対するイガイ重量比（%）	0	0.9	2.8	5.1	4.7	23.3
	マガキ全重量（g）	5.45	4.69	4.88	4.57	6.07	6.00
1955/12/14	マガキに対するイガイ重量比（%）	0	12.0	38.5	74.2	112.9	325.1
	マガキ全重量（g）	62.7	59.2	57.7	51.2	43.4	33.9

（大泉ら[42]より）

東京湾内の漁業者によると，漁船の船底にミドリイガイが付着することがあるという．このような場合，船の航行能力を低下させることもありうる．

2）へい死

ムラサキイガイでは，夏季に内湾部で大量へい死する事例があり，その後の水質悪化が指摘されている[43]．ミドリイガイは冬季の大量死が考えられ，それに伴う水質悪化が懸念される．

3）群集構造への影響 —— 外来種優占群集の形成

江の島での観察によると，ミドリイガイはムラサキイガイが帯状に付着する

下部もしくはその下に付着する傾向がある．今後ミドリイガイの定着が進めば，ムラサキイガイ帯の下にミドリイガイ帯が形成されることが考えられる．

江の島でミドリイガイ，ムラサキイガイ両種の殻表面に付着する固着性のいわゆる一次付着動物の観察例を示す（表 2-3）．下線を付した種類は外来種もしくはその可能性があると考えられるものである．ヨーロッパフジツボが圧倒的に多く，次いでマガキ，タテジマフジツボの順となっている．このように殻表面に付着する動物に外来の種類が多い点なども含めて，ミドリイガイの定着とともに，外来種優占型の群集が拡大することが予想される．

表2-3 江の島のミドリイガイ，ムラサキイガイ殻表面の付着動物

	ミドリ（n＝18）	ムラサキ（n＝22）
イガイ平均殻長	45.5 mm	42.1 mm
全付着動物数	98	286
貝1個当り付着数	5.4	13
ヨーロッパフジツボ	83（84.7％）	218（76.2％）
タテジマフジツボ	2（2.0％）	48（16.8％）
シロスジフジツボ		9（3.1％）
他フジツボ	1（1.0％）	
マガキ	10（10.2％）	11（3.8％）
ムラサキイガイ	1（1.0％）	
カサネカンザシ	1（1.0％）	

1999年8月12日採集，一次付着動物の個体数を計測した
括弧内の数値は全付着動物数に対する種別付着個体数の比率（％）

4）利用可能性

以上のような問題点が予想される反面，ミドリイガイを利用することも考えられる．梶原[44]は未利用資源としての付着生物を論じているが，それを参考として，次のような利用可能性が考えられる．

その第一は食料資源としてである．本種は沖縄県で，1983年の養成試験を皮切りに，現在も小規模ながら養殖されているという．今後，本州や四国，九州で養殖対象種となる可能性がある．

第二にミドリイガイの食性を利用した水質浄化機能が考えられる．本種は過栄養海域に生息する性質をもち[39]，ろ過摂食により水中の植物プランクトンやデ

トライタスを取り込む．これを利用して，過栄養海域において有機物を除去する方策が考えられる．

さらに製薬原料，海域の水温モニター役，有機スズ化合物などを対象とした指標生物としての利用などの可能性もある．このうち，指標生物としては，Asia-Pacific Mussel Watch Program 対象種に組み込まれており，実績としてフィリピンの養殖個体の測定結果が報告されている[45]．釣り餌への利用として，クロダイ釣りなどに有用とされており，またムラサキイガイと同様に[46]養殖餌料としての利用可能性もある．

5) 未解明の部分

本種については，未解明の部分が数多く残されている．

本種が日本に侵入した背景には，原産地における生息状況に変化があったのかどうか．たとえば，養殖業の発展と関連して個体群サイズの変化が生じたか．また，どのような移動方法によって日本に侵入し，国内沿岸に広がってきたのか．

越冬や繁殖を初めとして，日本における生息の実態について，詳しく調べられた例は少ない．

冒頭で述べたようにミドリイガイが属す Perna 属には3種あり，これらは分布域の違いの他に種を区別する特徴が少ないといわれる．日本には，様々な国より外航船が入港し，海産の外来種が侵入する機会は多い．したがって，Perna 属の他の2種も日本に侵入する可能性をもっており，これまでに日本各地に出現したものがミドリイガイ1種とは限らない．DNA鑑定などにより，種別同定をする必要がある．

以上のように本種について未解明の部分が数多く残されており，今後さらに研究を進める必要があると考えられる．

文　献

1) S. E. Siddall : A clarification of the genus *Perna* (Mytilidae). *Bull .Mar. Sci.*, 30, 858-870 (1980).
2) J. M. Vakily : The biology and culture of mussels of the genus *Perna*, ICLARM Studies and

Reviews Vol.17, The International Center for Living Aquatic Resources Management, 1989, 63pp.
3) 鍋島結子：ミドリイガイについて．かいなかま，2，15-20（1968）．
4) 杉谷安彦：瀬戸内海で採れたミドリイガイについて．ちりぼたん，5，123-125（1969）．
5) 石川　裕：南部町堺でとれたミドリイガイ．南紀生物，22，7（1980）．
6) 梶原　武：高知県小満目湾のミドリイガイについて．付着生物研究，5，55（1984）．
7) 嘉数　清：ミドリイガイの導入試験．沖縄県水産試験場報告書（昭和58年度），163-166（1983）
8) 嘉数　清・知名　弘：ミドリイガイの養殖試験．沖縄県水産試験場報告書（昭和61年度），139-143（1986）．
9) 村越正慶・嘉数　清：沖縄におけるミドリイガイの種苗生産と養成試験．水産増殖，34，131-136（1986）．
10) 原田栄二・大谷道夫：大阪湾で発見されたミドリイガイ．付着生物研究，5，39-40（1985）．
11) 丹下和仁：東京湾に発生したミドリガイ．みたまき，18，26（1985）．
12) 青野良平：江戸前の貝．みたまき，21，34-35（1987）．
13) 青野良平：京浜運河のミドリイガイ（3度目の冬を越したミドリイガイ）．みたまき，23，14-16（1989）．
14) 林　公義：密航する貝のなかま．日本の帰化動物（中村一恵編），神奈川県立博物館，1988，pp.24-25．
15) 風呂田利夫：横浜市沿岸域の海岸動物相 3-1-2 潮間帯の生物，公害資料 No.140 横浜の川と海の生物（第5報）（横浜市公害対策局編），横浜市，1989，pp.317-322．
16) 高橋裕次：横浜市沿岸域の海岸動物相 3-1-1 海岸動物相，公害資料 No.140 横浜の川と海の生物（第5報）（横浜市公害対策局編），横浜市，1989，pp.299-316．
17) 高橋裕次：横浜市沿岸域の海岸動物相 3-2 付着動物相，公害資料 No.140 横浜の川と海の生物（第5報）（横浜市公害対策局編），横浜市，1989，pp.323-334．
18) 植田育男・萩原清司：相模湾江の島で観察されたミドリイガイについて．神奈川自然誌資料，10，79-82（1989）．
19) 植田育男・萩原清司：江の島のミドリイガイその後．南紀生物，32，99-102（1990）．
20) 礒貝高弘・鈴木和博・茶位　潔：海水取水管に付着したミドリイガイについて．京急油壺マリンパーク水族館年報，16，47-53（1991）．
21) 植田育男：相模湾におけるミドリイガイの分布．動物園水族館雑誌，41，54-60（2000）．
22) 植田育男：日本沿岸におけるミドリイガイの分布．動物園水族館雑誌，41，45-53（2000）．
23) 臼井英智・仲谷伸人・桑　守彦：鋼材面の付着生物と腐食量の関係．*SESSILE ORGANISMS*，14，19-24（1998）．
24) 黒柳賢治：伊勢湾で採集されたミドリイガイの分布．エコロケーション，12，8（1991）．
25) 増田元保・寺川　裕：衣笠港より発見されたミドリイガイ．碧南海浜水族館・碧南市青少年海の科学館年報，8，27-28（1995）．
26) 有山啓之：大阪湾のミドリイガイ．*Nature Study*，38，9-10（1992）．
27) 横川浩治・鍋島靖信：瀬戸内海で分布を拡大するミドリイガイ．ちりぼたん，29，7-11（1998）．
28) 佐々木賢太郎：短報（5）ミドリイガイ．本學寺柌貝（ホンガクジヒガイ），8，31-32（1993）．

29) 田名瀬英朋・久保田　信：和歌山県田辺湾のミドリイガイ（二枚貝鋼，イガイ目）南紀生物，**38**，11-12（1996）．
30) 増田　修・脇本久義：兵庫県姫路市におけるミドリイガイの出現状況．*SESSILS ORGAWISMS*. **15**（1），11-12（1998）．
31) 原田和弘：播磨灘北部沿岸に大量発生したミドリイガイ．水産増殖，**47**，595-596（1999）．
32) 社団法人　火力原子力発電技術協会環境対策技術委員会：火力発電所における海生生物対策実態調査報告書，社団法人火力原子力発電技術協会環境対策技術委員会，1993，142pp．
33) 北九州市環境衛生研究所：平成5年度洞海湾総合調査報告書Ⅲ　生態系の主要生物群，北九州市環境科学研究所，263pp（1994）．
34) 梶原葉子・山田真知子：洞海湾における付着動物の出現特性と富栄養度の判定．水環境学会誌，**20**，185-192（1997）．
35) 風呂田利夫：帰化動物，東京湾の生物誌（沼田　眞，風呂田利夫編），築地書館，1997，pp.194-201．
36) 田名瀬英朋・久保田　信：ミドリイガイ（二枚貝鋼，イガイ目）は和歌山県田辺湾で冬越し可能．南紀生物，**39**，21-22（1997）．
37) 梅森龍史・堀越増興：東京湾西岸におけるミドリイガイの冬期死亡と生残の区域差．*La mer*，**29**，103-107（1991）．
38) 伊藤信夫：ミドリイガイの生態．第24回海生生物汚損対策懇談会資料，101-119（1994）．
39) 吉田陽一：ミドリイガイ，東南アジアの水産養殖（吉田陽一編），恒星社厚生閣，1992，pp.49-60．
40) 梶原　武：ムラサキイガイー浅海域における侵略者の雄．日本の海洋生物（沖山宗雄・鈴木克美編），東海大学出版会，1985，pp.49-54．
41) 坂口　勇：二枚貝類，海産付着生物と水産増養殖（梶原　武編），恒星社厚生閣，1987，pp.100-107．
42) 大泉重一・伊藤　進・小金沢昭光・酒井誠一・佐藤隆平・菅野　尚：カキ養殖の技術，改訂版浅海完全養殖（今井丈夫監修），恒星社厚生閣，1976，pp.153-189．
43) 風呂田利夫：東京湾の生態系と環境の現状，東京湾の生物誌（沼田　眞，風呂田利夫編），築地書館，1997，pp.2-23．
44) 梶原　武：付着生物研究の現状と将来の方向，海洋生物の付着機構（水産無脊椎動物研究所編），恒星社厚生閣，1991，pp.1-9．
45) M. Prudente, H. Ichihashi, S. Kan-atireklap, I. Watanabe and S. Tanabe : Butyltins, organochlorines and metal levels in Green mussel, *Perna viridis* L. from the coastal waters of the Philippines. *Fisheries Science*, **65**, 441-447（1999）．
46) 橘　高二郎：餌料としての付着動物，海産付着生物と水産増養殖（梶原　武編），1987，pp.108-118．

3.

コウロエンカワヒバリガイはどこから来たのか？
―― その正体と移入経路 ――

木 村 妙 子

　コウロエンカワヒバリガイは 1970 年代に日本の内湾および河口域に移入したイガイ科の二枚貝である．当初，この貝はアジアに生息する淡水性のカワヒバリガイ Limnoperna fortunei の亜種 Limnoperna fortunei kikuchii として記載された．しかし筆者である木村と共同研究者の田部雅昭（梅花中・高等学校）と鹿野康裕（株式会社環境生態研究所）は，この貝がオーストラリア，ニュージーランドに生息する全く別属別種の Xenostrobus securis であることを初めて明らかにした[1]．本章では，コウロエンカワヒバリガイが X. securis であると判明するまでの過程を時間軸に沿って述べてみたい．また，本種の日本への移入経路や生態系に及ぼす影響についても考えていきたい．

3-1　移入初期――ホトトギスガイに似て非なる貝

　私が初めてコウロエンカワヒバリガイと出会ったのは，高校の生物クラブの調査の時であった．このクラブ―浜松市立高校生物クラブ海洋生物班―は，当時顧問の戸田英雄教諭の指導のもと，1977 年から静岡県西部にある浜名湖の潮間帯における底生動物の分布調査を行っていた（図 3-1）．調査当初，浜名湖潮間帯の優占種はイガイ科二枚貝のホトトギスガイ Musculista senhousia であった（図 3-2 上）．しかし調査が進むにつれて，ホトトギスガイによく似ていてるが，特有な貝殻模様である放射線が見えず，全体黒褐色の別種の貝が混在していることに気がついた（図 3-2 下）．

　1970 年代には，この奇妙な二枚貝は浜名湖だけではなく大阪湾や瀬戸内海

でもアマチュアの貝類研究者により相次いで発見され，貝類同好会誌に報告された（木村[2]を参照）（図3-4）*．

　この貝については，当初海外からの移入種ではないかという予測もあった（黒田徳米氏，私信）．しかし1981年和歌山県産貝類目録誌上で，日本貝類学会の波部忠重会長（当時）はこの貝に対して模式産地を瀬戸内海の香櫨園浜（兵庫県）とするコウロエンカワヒバリガイ *Limnoperna fortunei kikuchii* と命名した[3]．波部はコウロエンカワヒバリガイがアジア原産の淡水性種であるカワヒバリガイと分類的にごく近縁と考え，殻の外形が四角形になる（カワヒバリガ

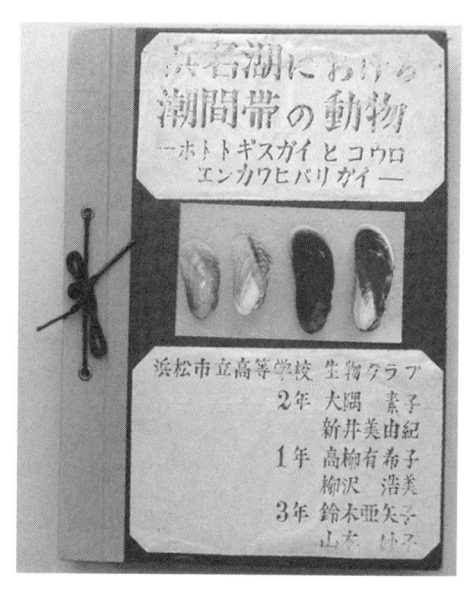

図3-1 浜松市立高等学校生物クラブ海洋生物班のレポート「浜名湖における潮間帯の生物―ホトトギスガイとコウロエンカワヒバリガイ―」（1983年，全151ページ）日本学生科学賞入選．ここからはじまった．

図3-2 ホトトギスガイ（上，浜名湖産，殻長16.4 mm）とコウロエンカワヒバリガイ（下，浜名湖産，殻長26.5 mm）

* 1972年8月1日岡山県児島湾における採集例が，標本が現存している最も早期の国内におけるコウロエンカワヒバリガイの記録である（河辺訓受氏，私信）．

イは三角形)ことを根拠に,コウロエンカワヒバリガイをカワヒバリガイの亜種とした[3](図3-3).これはコウロエンカワヒバリガイが日本在来種と位置づけられたようにも受けとれる記載でもあった.

図3-3 原種カワヒバリガイ(上,長良川産,殻長20.4 mm)とその亜種コウロエンカワヒバリガイ(下,浜名湖産,殻長28.7 mm)

図3-4 日本におけるコウロエンカワヒバリガイの分布,記号は発見または発表年代を示す.(木村[2],高山・宮本[4]より作成)

3. コウロエンカワヒバリガイはどこから来たのか?

3-2 分布の拡大

その後も各地からコウロエンカワヒバリガイが新たに分布するようになったという報告が相次ぎ，1980年代にはその分布は東京湾から浦戸湾までの太平洋岸の主要な港湾に広がり，1990年代には瀬戸内海の広い範囲と日本海側の富山湾から洞海湾にまで広がった[2,4]（図3-4）．この貝は内湾や河口域の潮間帯の中部から下部に足糸で付着し，しばしばマット状の集団を形成し，多くの場所で底生動物群集の優占種となった（図3-5）．

図3-5 浜名湖におけるコウロエンカワヒバリガイのマット状集団，若干ホトトギスガイが混じっている．

日本国内での分布が拡大したのと同じくして，浜名湖内でも分布の拡大が認められた[5,6]（図3-6）．1982年の調査では，本種は浜名湖の付属湖の一つ庄内湖に分布が限られ，他の場所ではほとんど発見できなかったが，1989年の調査では浜名湖北部全体に分布が確認された．このように浜名湖という比較的狭い範囲の水域内においても，コウロエンカワヒバリガイの分布の拡大は明らかであった．

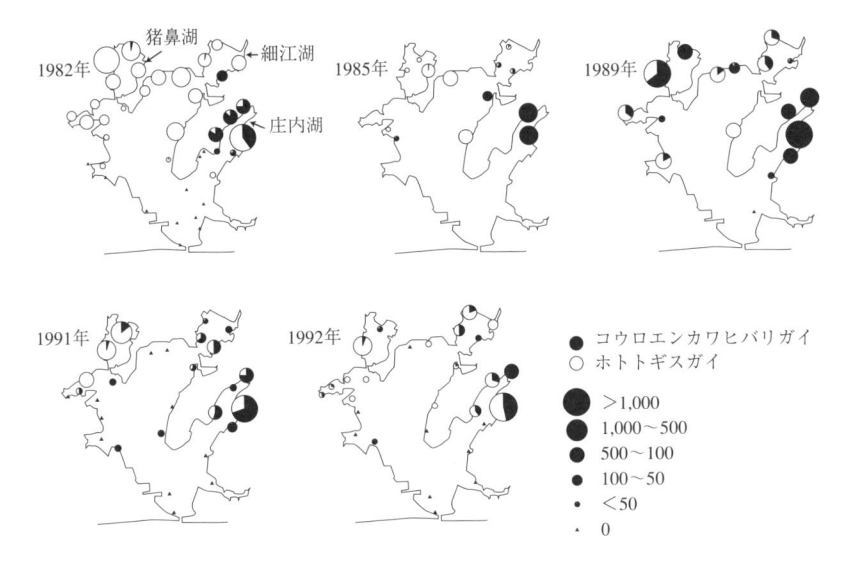

図3-6 浜名湖におけるコウロエンカワヒバリガイの分布拡大，円グラフは625 cm² 内の個体数を示す（戸田・浜松市立高等学校生物クラブ海洋班[5, 6]，木村[37]を改変）．

3-3 コウロエンカワヒバリガイはカワヒバリガイ属なのか？
―― 分類学的位置に対する疑念

カワヒバリガイ属として，これまでにカワヒバリガイ *Limnoperna fortunei* (Dunker, 1856)[7]，*L. siamensis* (Morelet, 1875)[8]，*L. depressa* Brandt & Temcharoen, 1971[9]，*L. spoti* Brandt, 1974[10] の4種が記載されている．これらはいずれも淡水性種である．このうち，カワヒバリガイは中国，韓国，台湾，タイから分布が報告されている[11~18]＊．*L. siamensis* はカンボジアとタイに[10]，*L. depressa* はラオスに[9]，*L. spoti* はタイに分布する[10]（図3-7）．

波部はコウロエンカワヒバリガイが在来種とも受けとれる記載を行ったが，1970年代になってから急激に日本各地の沿岸から報告が相次いだことから，

＊ カワヒバリガイは日本に1980年代後半[19]，アルゼンチンに1991年に移入[20]している．

3. コウロエンカワヒバリガイはどこから来たのか？

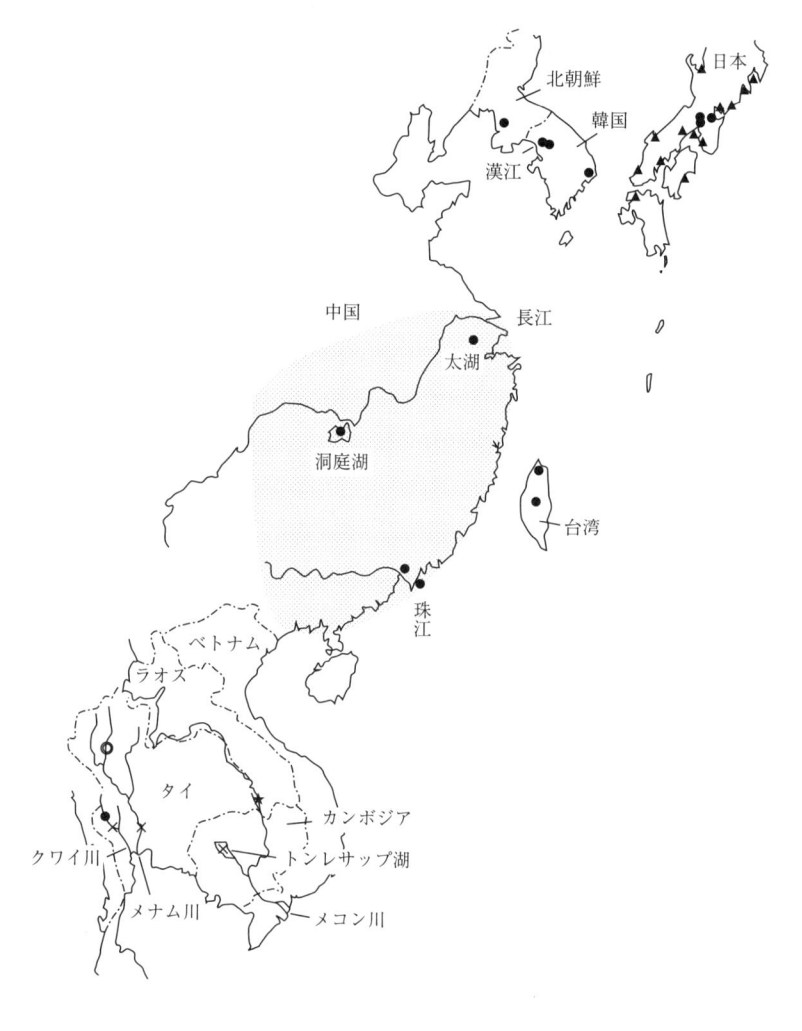

図 3-7 カワヒバリガイ属の分布，●，▧：カワヒバリガイ，▲：コウロエンカワヒバリガイ，×：*Limnoperna. siamensis*，★：*L. depressa*，◎：*L. spoti*.（文献 [2, 4, 11~19, 21, 22] より作成）

日本の在来種ではなく，移入種であることが予想された．しかし，原産地については全く不明だった．また，前述の通り，カワヒバリガイは淡水性種である．中国や香港の貝類研究者に直接「汽水域での分布報告はないか」と問い合わせても「カワヒバリガイは淡水域にしか生息しない」という返事しか返ってこなかった（王維徳氏，Brian Morton 氏，私信）．これまでの日本の分布報告ではコウロエンカワヒバリガイは汽水域に生息が確認されたが，淡水域での分布報告はなかった．これはなぜなのだろうか？カワヒバリガイ類にはまだ見つかっていない汽水性種がいるのだろうか？

3-4　コウロエンカワヒバリガイとカワヒバリガイの殻の形態的相違

これまでは文献を頼りに分類の研究を進めてきたが，やはり実物の標本を見ないことには実体がつかめない．そこで国立科学博物館やイギリス自然史博物館，ドイツのゼンケンベルグ博物館から模式標本を含めた多くのカワヒバリガイ属の標本を借りて，コウロエンカワヒバリガイとの形態比較を行った．その結果，少なくとも *Limnoperna depressa* と *L. spoti* の2種は，コウロエンカワヒバリガイと殻の形態が大きく異なっていた（図 3-8）．それに対して，*L. siamensis* とカワヒバリガイの2種は形態的に類似していた．

多くの標本を見ている内に，カワヒバリガイとコウロエンカワヒバリガイでは，殻の内面にある筋肉の付着した痕（筋痕）の形が，明らかに異なっていることに気がついた（図 3-9）．コウロエンカワヒバリガイでは殻の内面の後足糸牽引筋痕の前方と後方が融合しているのに対し，カワヒバリガイでは明らかに分離していた．また，コウロエンカワヒバリガイの成貝の殻形は殻頂が前端よりもわずかに後方に位置するのに対し，カワヒバリガイでは殻頂部が前端になる（図 3-9）．さらに殻の色はコウロエンカワヒバリガイが成貝では赤みがかった黒褐色，幼貝では黄褐色の地に赤褐色の斑や黒色の稲妻型の模様が見られるのに対し，カワヒバリガイは成貝では黄褐色のかった黒褐色，幼貝では濃い紫色と黄土色のツートンカラーであった[2]（図 3-13）．

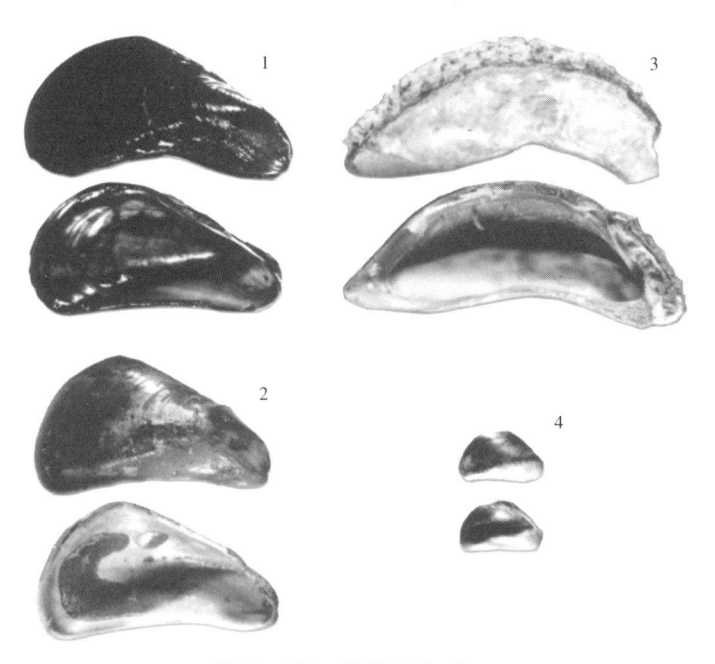

図3-8　カワヒバリガイ属全4種
1．カワヒバリガイ（揖斐川産，殻長25.0 mm），2．*Limnoperna siamensis* 総模式標本（タイ産，イギリス自然史博物館所蔵，殻長25.3 mm），3．*L. depressa* 副模式標本（ラオス産，ゼンケンベルグ博物館所蔵，殻長14.0 mm），4．*L. spoti* 副模式標本（タイ産，イギリス自然史博物館所蔵，殻長3.0 mm）

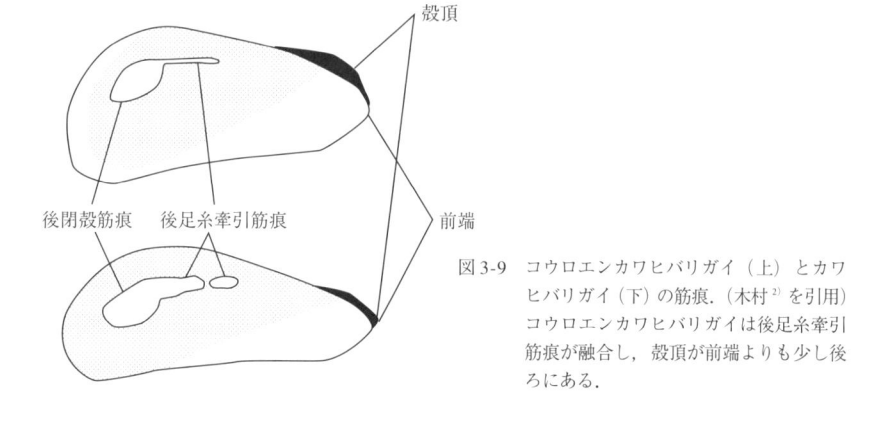

図3-9　コウロエンカワヒバリガイ（上）とカワヒバリガイ（下）の筋痕．（木村[2]を引用）コウロエンカワヒバリガイは後足糸牽引筋痕が融合し，殻頂が前端よりも少し後ろにある．

3．コウロエンカワヒバリガイはどこから来たのか？

3-5 コウロエンカワヒバリガイとカワヒバリガイの遺伝的な相違

1990年前後,コウロエンカワヒバリガイの原種とされたカワヒバリガイが琵琶湖や木曽三川に移入し,大量に繁殖してきた [19, 21, 22)] (第4章参照). 皮肉にも大量に手に入るようになった生きたカワヒバリガイを使って,コウロエンカワヒバリガイとの遺伝学的な比較研究が行われた. まず,愛媛大学の家山により,これら2種類間の染色体の核型が異なっていることが明らかにされた [23)]. 私はこれまで淡水魚のタナゴ類やその宿主となる二枚貝のドブガイ類のアロザイム

表3-1 カワヒバリガイとコウロエンカワヒバリガイの遺伝子頻度
ほとんどの遺伝子座で主対立遺伝子が異なっている.

遺伝子座	対立遺伝子	カワヒバリガイ	コウロエンカワヒバリガイ	遺伝子座	対立遺伝子	カワヒバリガイ	コウロエンカワヒバリガイ
ATT	*70	0.000	0.033		*110	0.017	0.000
	*90	0.000	0.017		*250	0.000	1.000
	*100	1.000	0.833	MDH-2*	*100	1.000	0.000
	*125	0.000	0.117		*1150	0.000	1.000
G3PDH*	*70	0.000	0.033	PEPB-1*	*80	0.000	1.000
	*95	0.000	0.967		*100	1.000	0.000
	*100	1.000	0.000	PEPB-2*	*95	0.000	1.000
GPI*	*95	0.000	0.017		*100	1.000	0.000
	*100	1.000	0.000	PEPB-3*	*100	1.000	0.000
	*125	0.000	0.983		*110	0.000	1.000
IDHP-1*	*40	0.000	0.050	PEPD*	*100	1.000	0.000
	*50	0.000	0.950		*105	0.000	1.000
	*100	1.000	0.000	PGDH*	*-30	0.000	0.083
IDHP-2*	*-100	1.000	0.000		*80	0.000	0.783
	*65	0.000	0.017		*100	1.000	0.000
	*100	0.000	0.933		*140	0.000	0.067
	*135	0.000	0.050		*150	0.000	0.017
LDH*	*100	1.000	0.000		*170	0.000	0.033
	*130	0.000	1.000		*200	0.000	0.017
MDH-1*	*70	0.017	0.000	SOD*	*100	1.000	0.000
	*75	0.017	0.000		*460	0.000	1.000
	*100	0.950	0.000				

(Kimura・Tabe [24)] を引用)

分析を行ってきた田部雅昭と共同で，長良川の同一河川内に生息するコウロエンカワヒバリガイとカワヒバリガイのアロザイム分析を行い，遺伝的な比較をした[24]．この分析では2種類間には雑種は全く認められず，遺伝様式の推定できた14遺伝子座のうち一つを除いた全ての遺伝子座において，対立遺伝子の置換が見られることが明らかとなった（表3-1）．根井の遺伝的距離[25]は2.78であり，研究者によっては亜種関係にあるとされているムラサキイガイ *Mytilus galloprovincialis*，キタノムラサキイガイ *M. trossulus*，ヨーロッパイガイ *M. edulis* の3種間の遺伝的距離が0.16～0.28であるのと比べて，その距離は非常に大きい[26, 27, 28, 29]．これらの結果から判断して，コウロエンカワヒバリガイはカワヒバリガイとは明らかに別種であり，両種がもっと高次の分類レベルで異なることも予感させた．しかし，アジア地域の標本や文献をいくら調べてみても，コウロエンカワヒバリガイと形態の一致する貝は見つからなかった．

3-6　コウロエンカワヒバリガイはクログチガイ属

　コウロエンカワヒバリガイとカワヒバリガイが全然違うものらしいとわかった後も，コウロエンカワヒバリガイの分類学的な位置やその原産地は依然として不明のままだった．しかし1995年，共同研究者の鹿野康裕はコウロエンカワヒバリガイの解剖学的特徴が，クログチガイ属 *Xenostrobus* と一致することを発見した．そこで私たちは，コウロエンカワヒバリガイとクログチガイ属の各種についてさらに詳細な検討を行うことにした．

　クログチガイ属*は，1967年にBarry Wilsonによって創立された属で，旋回する腸は胃の右側に位置し，伸張性のある出入水管をもつという解剖学的特徴がある[30]．また，殻の内面の後足糸牽引筋痕は融合する．特に腸の右旋はイガイ科ではこの属特有の特徴であり，カワヒバリガイを含む他のほとんどのイガイ科貝類は，旋回する腸が胃の左側に位置している（図3-10-9）．コウロエンカワヒバリガイを解剖した結果，旋回する腸は胃の右側にあり，本種がクログ

---

* 黒田・波部は1971年にクログチガイ属 *Vignadula* を創立した[34]．この属にはクログチガイ1種が属していた．しかし，その後Ockelmannにより，*Vignadula* は *Xenostrobus* のシノニムとされた[33]．

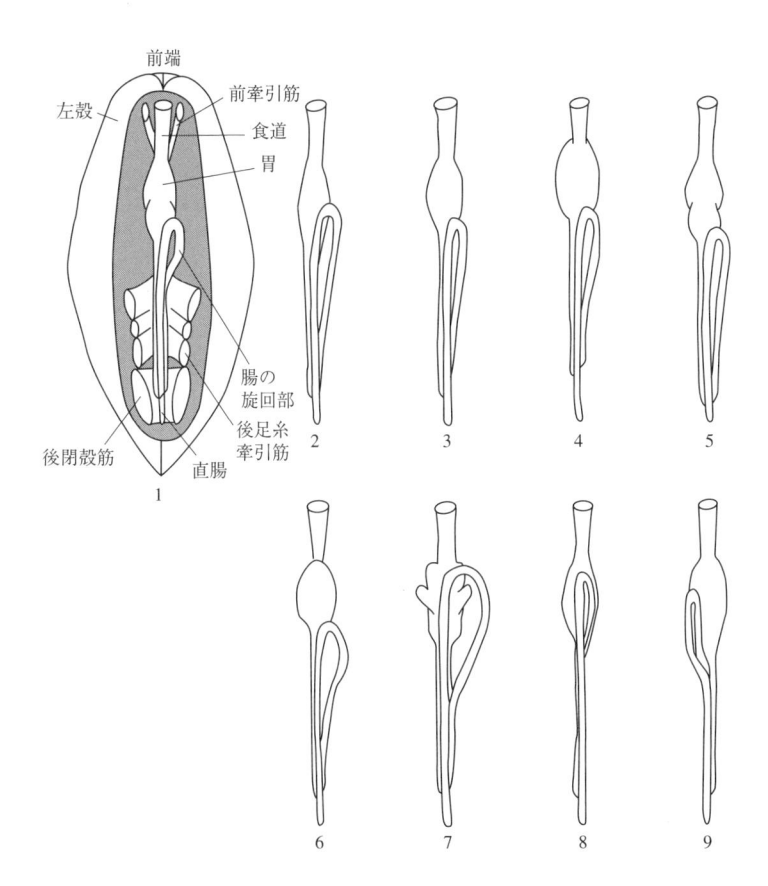

図3-10 コウロエンカワヒバリガイ，カワヒバリガイとクログチガイ属各種の背側から見た筋肉系と消化器系

コウロエンカワヒバリガイとクログチガイ属各種は胃の右側に腸が旋回しているが，カワヒバリガイは左側にある．

1．コウロエンカワヒバリガイ（浜名湖産），2．*Xenostrobus securis*（西オーストラリア産），3．*Xenostrobus sp.*（フィジー産），4．*X. inconstans*（西オーストラリア産），5．*X. pulex*（西オーストラリア産），6．クログチガイ *X. atratus*（小網代湾産），7．*X. balani*（タイ産），8．*X. mangle*（マレーシア産），9．カワヒバリガイ *Limnoperna fortunei*（長良川産）（Kimura ら[1]を引用）

3．コウロエンカワヒバリガイはどこから来たのか？

チガイ属であることが明らかとなった(図3-10-1). クログチガイ属の現生種はこれまでに世界各地から6種が記載されている*. このうち, 3種 *Xenostrobus inconstance* (Dunker, 1856)[7], *X. pulex* (Lamarck, 1819)[31], *X. securis* (Lamarck, 1819)[31] はオーストラリア水域に分布し, 他の3種クログチガイ

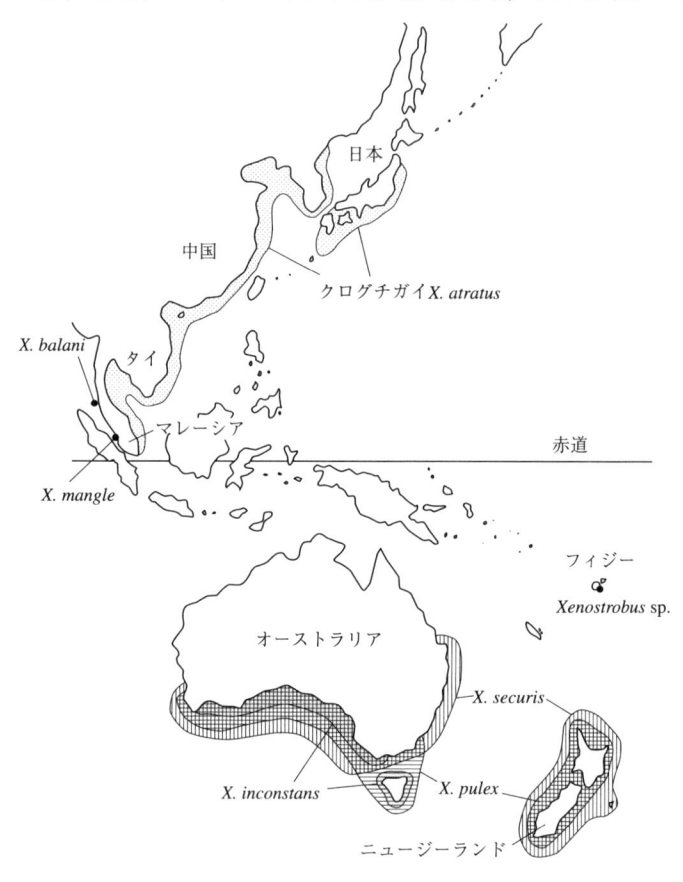

図3-11 クログチガイ属の分布.（文献[30, 33, 35]より作成）

---

* Ockelnammはフィジーに生息する *Modiolus hepaticus* をクログチガイ属としたが, 模式標本の殻形態はクログチガイ属とは明らかに異なり, クログチガイ属ではないと思われる（図3-13-6）[1]. フィジーにはこれとは別種の種の確定しないクログチガイ属の一種が生息している（図3-13-5）.

X. atratus（Lischke, 1871）[32]，*X. mangle* Ockelmann, 1983 [33]，*X. balani* Ockelmann, 1983 [33] は東南アジアから中国，日本に分布する（図3-11）．これらの種はいずれも内湾や河口域に生息する．クログチガイは日本に分布する唯一のクログチガイ属であり，日本を模式産地としている[32, 33]．

3-7　クログチガイ属各種とコウロエンカワヒバリガイの形態的比較

クログチガイ属の内部形態は Wilson, Ockelmann および木村によって報告されている[30, 33, 35]．クログチガイ属の種は外套膜内褶の突起のあるものとないもので 2 つのグループに分かれる．外套膜内褶に突起がないグループには，*Xenostrobus securis* があり，外套膜内褶に突起があるグループには *X. inconstance*，*X. pulex*，クログチガイ，*X. mangle*，*X. balani* の 5 種がいる

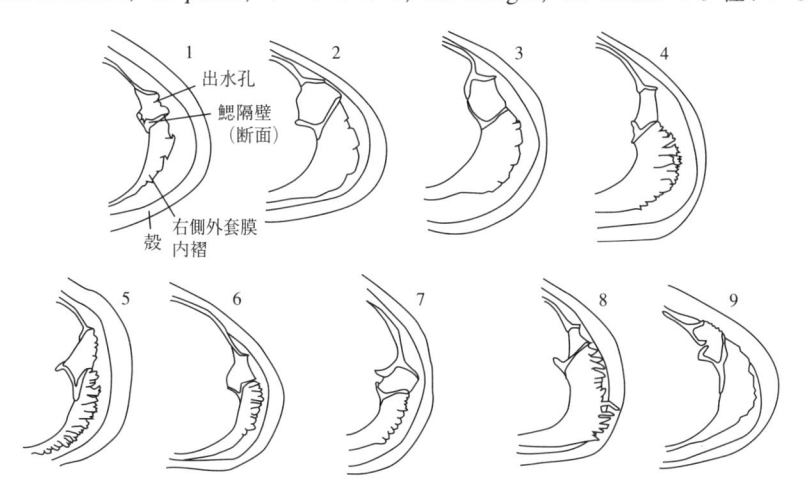

図3-12　コウロエンカワヒバリガイ，カワヒバリガイとクログチガイ属の出水管と入水管周辺の突起．コウロエンカワヒバリガイと *Xenostrobus securis* は，シート状の外套膜内褶をもっている．
1. コウロエンカワヒバリガイ（浜名湖産），2. *Xenostrobus securis*（西オーストラリア産），3. *Xenostrobus sp.*（フィジー産），4. *X. inconstans*（西オーストラリア産），5. *X. pulex*（西オーストラリア産），6. クログチガイ *X. atratus*（小網代湾産），7. *X. balani*（タイ産），8. *X. mangle*（マレーシア産），9. カワヒバリガイ *Limnoperna fortunei*（長良川産）（Kimura ら[1]を引用）

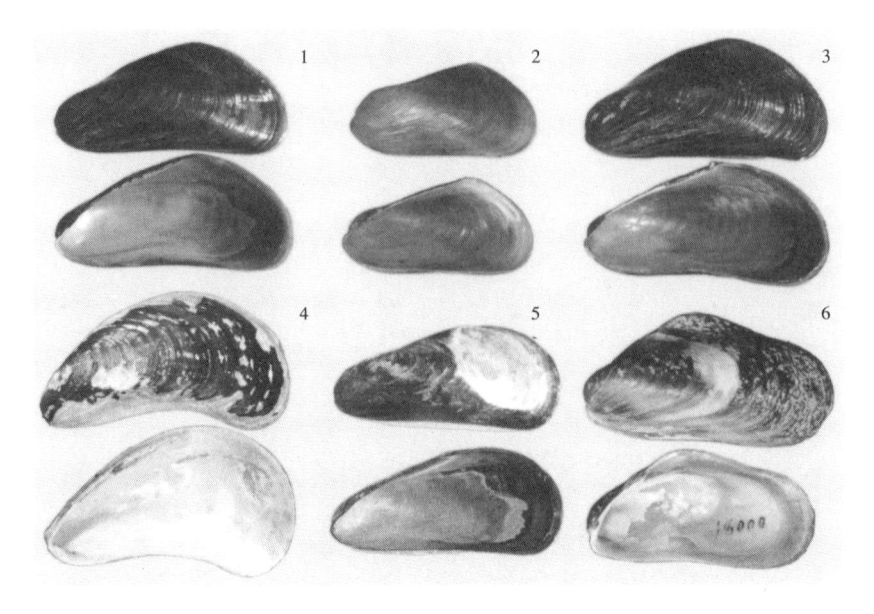

図3-13 クログチガイ属全種とカワヒバリガイ

1．コウロエンカワヒバリガイ（浜名湖産，豊橋市自然史博物館所蔵，殻長26.5 mm），2．コウロエンカワヒバリガイ *Limnoperna fortunei kikuchii* 完模式標本（香櫨園産，国立科学博物館所蔵，殻長20.7 mm），3．*Xenostrobus securis*（西オーストラリア産，豊橋市自然史博物館所蔵，殻長28.9 mm），4．*X. securis* 副後模式標本（オーストラリア産，パリ自然史博物館所蔵，殻長41.8 mm，40.3 mm），5．*Xenostrobus* sp.（フィジー産，豊橋市自然史博物館所蔵，殻長17.7 mm），6．*Modiolus hepaticus* 完模式標本（フィジー産，スミソニアン博物館所蔵，殻長33.6 mm），7．*X. inconstans*（西オーストラリア産，西オーストラリア博物館所蔵，殻長22.0 mm），8．*X. pulex*（西オーストラリア産，西オーストラリア博物館所蔵，殻長22.5 mm），9．クログチガイ *X. atratus*（小網代湾産，豊橋市自然史博物館所蔵，殻長12.1 mm），10．*X. mangle* 完模式標本（マレーシア産，コペンハーゲン大学動物学博物館所蔵，殻長6.7 mm），11．*X. balani* 完模式標本（タイ産，コペンハーゲン大学動物学博物館所蔵，殻長8.4 mm），12．カワヒバリガイ（長良川産，豊橋市自然史博物館所蔵，殻長26.2 mm），13．コウロエンカワヒバリガイ幼貝（浜名湖産，豊橋市自然史博物館所蔵，殻長8.0 mm，6.5 mm），14．*X. securis* 幼貝（西オーストラリア産，豊橋市自然史博物館所蔵，殻長8.7 mm，6.8 mm），15．カワヒバリガイ幼貝（長良川産，豊橋市自然史博物館所蔵，002504，殻長7.8 mm，5.9 mm）（Kimura ら[1]を引用）

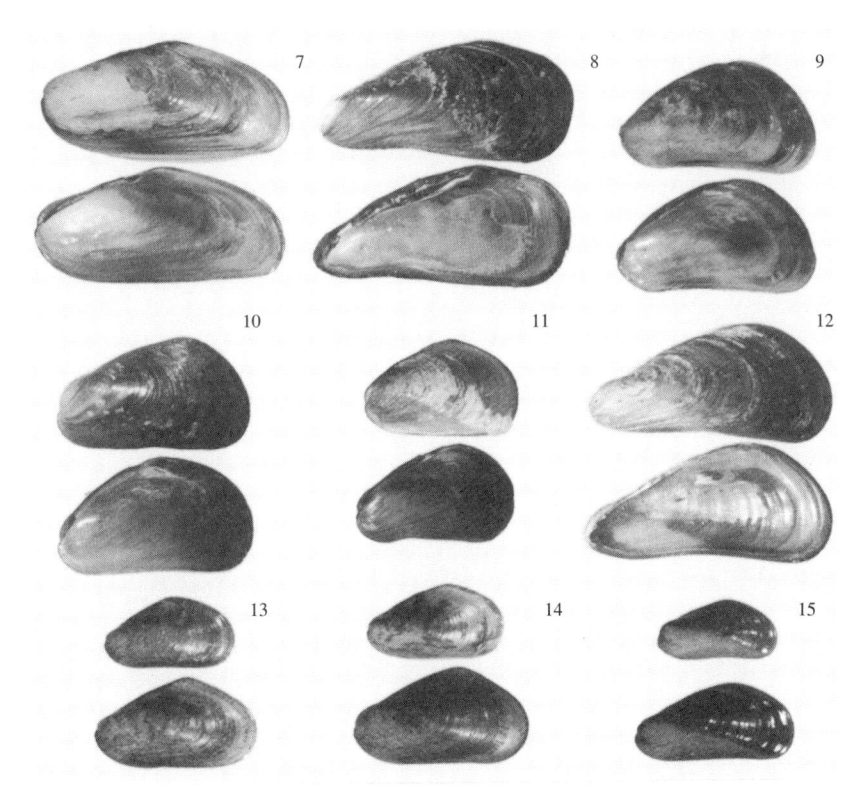

(図3-12).そこで西オーストラリア博物館とコペンハーゲン大学動物学博物館から標本をとりよせ,これらクログチガイ属全種について外部内部形態を検討し,コウロエンカワヒバリガイと比較した.

検討の結果,コウロエンカワヒバリガイには外套膜内褶に突起が見られず,その特徴は *X. securis* に一致した(図 3-12-1, -2).*X. securis* は Lamarck によって 1819 年にオーストラリアから新種として記載され,模式標本はパリ自然史博物館に収蔵されている.この *X. securis* の模式標本とコウロエンカワヒバリガイの模式標本もとりよせ,これらも含めて両種の標本の殻の外形を比較検討した(図 3-13).その結果,殻頂の位置が前端よりわずかに後方に位置すること,殻の色が赤みがかった黒褐色であること,幼貝期の殻に模様があるこ

となど，コウロエンカワヒバリガイの殻の特徴が X. securis の特徴と一致した．

3-8 遺伝学的分析による検証
―コウロエンカワヒバリガイは Xenostrobus securis

これまでの殻や軟体部の形態的な比較から，コウロエンカワヒバリガイと

表3-2 日本のコウロエンカワヒバリガイとオーストラリアの Xenostrobus securies の遺伝子頻度．全ての遺伝子座で主対立遺伝子が一致している．

遺伝子座	対立遺伝子	コウロエンカワヒバリガイ 浜名湖	X. securis スワン川上流	X. securis スワン川下流
ATT*	*35	0.000	0.010	0.000
	*95	0.060	0.000	0.000
	*100	0.940	0.990	0.980
	*125	0.000	0.000	0.020
G3PDH*	*70	0.010	0.000	0.000
	*100	0.990	1.000	1.000
GPI*	*70	0.000	0.000	0.010
	*75	0.060	0.000	0.000
	*85	0.000	0.100	0.060
	*100	0.910	0.880	0.920
	*120	0.000	0.020	0.010
	*125	0.030	0.000	0.000
IDHP-1*	*80	0.000	0.000	0.030
	*100	1.000	1.000	0.970
IDHP-2*	*100	1.000	0.980	0.980
	*135	0.000	0.020	0.020
MDH-1*	*90	0.000	0.010	0.000
	*100	1.000	0.990	1.000
MDH-2*	*100	1.000	1.000	1.000
PEPB*	*100	1.000	1.000	1.000
PGDH*	*-35	0.120	0.220	0.300
	*100	0.750	0.750	0.680
	*155	0.020	0.020	0.010
	*185	0.040	0.010	0.010
	*210	0.070	0.000	0.000
SOD*	*100	1.000	0.990	1.000
	*135	0.000	0.010	0.000

(Kimura ら[1] を引用)

Xenostrobus securis が同種であることが示唆された．私たちはさらにその確認のためにカワヒバリガイとコウロエンカワヒバリガイの比較の時と同様にアロザイム分析を行い，両種の遺伝的特徴の比較を行った[1]．*X. securis* の試料採集のために，1996 年 7 月木村は西オーストラリアにおもむき，スワン川の上流と下流の 2 地点で採集をした．7 月は現地は冬期であり，冷たい水と増水した川での採集はかなり危険なものだった．対するコウロエンカワヒバリガイは浜名湖の試料を使った．分析の結果，遺伝様式の推定できた 8 酵素10遺伝子座において，3 地点の試料間の全ての遺伝子座の主対立遺伝子は一致し（表 3-2），根井の遺伝的距離[25] は 0.003 から 0.008 と非常に小さかった．

また，日本とオーストラリアのこれらの生息域は，季節は逆転するがいずれも温帯域であり，塩分濃度の変動が大きい内湾や河口域である[36, 37]．また，木村らと Wilson がそれぞれ行った両種の塩分耐性実験の結果によれば，両方とも非常に広い範囲の塩分に対して耐性が高く，生理的特徴も類似していた[36, 38]．以上の結果を総合して判断すれば，コウロエンカワヒバリガイは *X. securis* と同種であり，これまで使用されていた学名 *Limnoperna fortunei kikuchii* は同物異名となることが決定的になった．

やはりコウロエンカワヒバリガイは日本在来種ではなく，移入種だったのである．

3-9 どこからどうやって日本に移入してきたのか？

Xenostrobus securis すなわちコウロエンカワヒバリガイは，西オーストラリアのスワン川河口からクイーンズランド州のロックハンプトンおよびニュージーランドとチャタム諸島（ニュージーランド領）に分布している（図3-11）[30]．これら以外の水域からは本種の分布が報告されていないことから，コウロエンカワヒバリガイはオーストラリアやニュージーランドから日本へ移入してきたと考えてよいだろう．日本とオーストラリアやニュージーランドは 5,000 km 以上の距離があるが，ではどのようにしてコウロエンカワヒバリガイは移入してきたのだろうか？移入海洋生物研究の第一人者 James Carlton は多くの生物が船のバ

ラスト水に混入し，長距離の移動をしていることを報告している[39]．木村と関口はコウロエンカワヒバリガイの人工飼育により，浮遊幼生の期間が25℃と30℃の時，15日間であることを明らかにしている[40]．航海に必要な日数は15日なので[39]，バラスト水内で浮遊幼生の形態のまま，この距離を横断するのは十分可能だと思われる．1970年代以降，日本とオーストラリア・ニュージーランド間の貿易は急激に増加し（図3-14）[41, 42]，日本におけるコウロエンカワヒバリガイの出現はこの貿易の増加時期と対応している．このことから，国際的な流通の増加に伴い，バラスト水に混入したオーストラリア・ニュージーランドのコウロエンカワヒバリガイの浮遊幼生が，日本の内湾や河口域に移入，定着したと考えられる．日本とオーストラリア・ニュージーランド間の海洋生物の流通は双方向で，ホトトギスガイやシズクガイ *Theora lubrica*，マハゼ *Acanthogobius enigmatics* やキヒトデ *Asterias amurensis* は，日本またはその周辺海域からオーストラリアやニュージーランドに移入したとされている[43, 44, 45]．

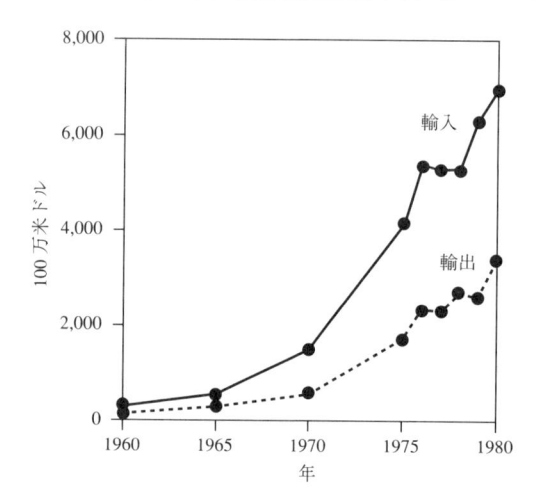

図3-14 日本とオーストラリア間の輸出入の年変化（小島[41]から作成）．
1970年以降急増している．このころコウロエンカワヒバリガイは日本に移入した．

3-10 移入して何をしているのか？

　日本に移入してきた生物は移入淡水魚のブラックバスの問題を始めとして，人間生活や在来の生態系に大きな影響を与えることが報告されている[46, 47]．付着性二枚貝については，ムラサキイガイやミドリイガイ *Perna viridis* の発電所の温排水口の付着被害[48, 49]，カワヒバリガイの給水システムへの付着被害が報告されている[11, 15]．特に，ヨーロッパから北米に移入したゼブラガイ *Dreissena polymorpha* は五大湖に大繁殖し，多くの付着被害のみならず，水中のプランクトン相までも変化させ，在来の生態系に重大な影響を与えたことが報告された[50]．それではコウロエンカワヒバリガイはどうなのだろうか？当初はムラサキイガイやミドリイガイに見られたような温排水口への付着被害が懸念されたが，幸い現在までに付着被害の報告はない．では生態系への影響はどうなのか？浜名湖潮間帯ではホトトギスガイとコウロエンカワヒバリガイは同所的に生息し，両種ともマット状集団を形成するため，当初は移入種が在来種を駆逐するのではないかと予想された．しかし，戸田・浜松市立高校生物クラブ海洋班や木村による長期間にわたる調査では，これら2種は年によって優占順位を変えながらも継続して生息することが明らかになった（図3-5）[5, 6, 37]．また，これら2種の生態を比較すると，寿命や浮遊幼生や着底稚貝の出現期間などは類似しているが，着底以後の場所や個体数に差異が見られた（木村未発表資料）．コウロエンカワヒバリガイの在来種に対する影響を明らかにするためには，移入地におけるコウロエンカワヒバリガイと在来種の生活史の比較，量的な変動の比較，環境変動に対する各成長段階の耐性の比較，浮遊から底生生活に入る加入過程の比較が最低必要であろう．また，競争があるか否かは調査する空間スケールによっても，結論は異なってくるであろう．これまでにコウロエンカワヒバリガイは，内湾や河口域に生息する在来種のウネナシトマヤガイ *Trapezium* (*Neotrapezium*) *liratum* やクログチガイとの場所をめぐる競争が指摘されているが[51, 52]，それを裏付ける調査は行われていない．ウネナシトマヤガイは付着様式が，クログチガイは分布中心となる潮位がコウロエンカ

ワヒバリガイとは異なるので[35]，これら 2 種の減少要因がコウロエンカワヒバリガイの付着による排除であるという可能性には疑問がある．

　前述の通り，コウロエンカワヒバリガイは船のバラスト水によって移入した可能性が高い．本種は日本だけでなく，1990 年代になりアドリア海にも移入したことが報告された[53, 54]．一大貿易国である日本に移入したことでコウロエンカワヒバリガイはバラスト水を通じて，世界中の内湾や河口域に移入する可能性がある．バラスト水については現在海外からの要請をもとにいくつか規制が行われているが，日本におけるバラスト水内の海洋無脊椎動物の浮遊幼生の実態は全く把握されていない．この実態を早急に明らかにし，必要な措置を考えていかなければならないだろう．

　この研究では，コウロエンカワヒバリガイの種の同定を通じて，原産地が明らかになった．これからの移入種研究においても，まず第 1 に正確な種の同定をするべきであろう．これにより移入種の原産地における過去の生態や防除研究を検索することが初めて可能になる．一方で移入種と在来種との区別を明らかにするために，日本沿岸の在来無脊椎動物の種レベルの分類や生態研究も必要不可欠であると思われる．また，私たちの研究では形態比較だけでなく，アロザイム分析という遺伝学的手法で最終的な種の特定を行った．近年発達してきたミトコンドリア DNA 分析などの精度の高い遺伝学的研究手法は，ボトルネック効果などによる移入過程における種内の遺伝的変動やより詳細な原産地を将来明らかにするであろう．

　最後になったが，コウロエンカワヒバリガイの原産地探索のきっかけを作り，私の研究に助力を惜しまれなかった元浜松市立高等学校教諭の戸田英雄氏と日本貝類学会名誉会長の波部忠重氏の両氏に，感謝をこめてこの小文を捧げたい．

文　献

1) T. Kimura, M. Tabe and Y. Shikano : *Limnoperna fortunei kikuchii* Habe, 1981（Bivalvia : Mytilidae）is a synonym of *Xenostrobus securis*（Lamarck. 1819）: Introduction into Japan from Australia and/or New Zealand, *Venus*（*Jap. Jour. Malac.*），58（3），101-117（1999）．

2) 木村妙子：カワヒバリガイとコウロエンカワヒバリガイの形態的な識別点，ちりぼたん，25（2），36-40（1994）．
3) T. Habe : A catalogue of Molluscs Wakayama Prefecture, the province of Kii. 1. Bivalvia, Scaphopoda and Cephalopoda. Editorial Committee of A Catalogue of Wakayama Prefecture, 1981, 301pp.
4) 高山茂樹，宮本 望：富山県で初めてみつかったコウロエンカワヒバリガイ，富山県の生物，38，83-86（1999）．
5) 戸田英雄・浜松市立高等学校生物クラブ海洋班：浜名湖のホトトギスガイとコウロエンカワヒバリガイ，遠州の自然，8, 51-54（1985）．
6) 戸田英雄・浜松市立高等学校生物クラブ海洋班：浜名湖のコウロエンカワヒバリガイその後，遠州の自然，14, 39-41（1991）．
7) W. Dunker : Mytilacea nava collections, Proc. zool. Soc. London, 24, 358-366（1856）．
8) A. Morelet : Séies conchyliologiques, 4e livraison, Indo-Chine（1875）．
9) R. A. M. Brandt and P. Temcharoen : The molluscan fauna of the Mekong at the foci of Schistosomiasis in South Laos and Cambodia, Archiv für Molluskenkunde, 101 (1/4), 111-140（1971）．
10) R. A. M. Brandt : The non-marine aquatic Mollusca of Thailand, Archiv für Molluskenkunde, 105, 1-423（1974）．
11) B. Morton : The colonisation of Hong Kong's raw water supply system by Limnoperna fortunei (Dunker 1857) (Bivalvia ; Mytilacea) from China, Malacological Review, 8, 91-105（1975）．
12) 劉月英，張文珍，王躍先，王恩義：中国経済動物志・淡水軟体動物，科学出版社，1979, 143pp.
13) Z. Wang and Z. Qi : Study on Chinese species of the family Mytilidae (mollusca, bivalvia). STUDIA MARINA SINICA, 22, 199-242,（1984）．
14) 蔡如星：浙江動物誌，浙江科学技術出版社，1991, 370pp.
15) 譚天錫，白振宇，夏國經：河殼菜蛤於臺灣北部重新被大量發現之記述，貝類學報，13, 97-100（1987）．
16) 柳鍾生：原色韓国貝類図鑑，一志社，1976, 196 pp.
17) 小島貞夫：淡水イガイ（Limnoperna fortunei）による障害とその対策，日本水処理生物学会誌，18（2），29-33（1982）．
18) T. Mizuno and S. Mori : Preliminary hydrobiological survey of some Southeast Asian inland waters, Biol. J. Lim. Soc., 2, 77-117,（1970）．
19) 木村妙子：日本におけるカワヒバリガイの最も早期の採集記録，ちりぼたん，25（2），34-35（1994）．
20) G. Darrigran and G. Pastorino : The recent introduction of a freshwater Asiatic bivalve, Limnoperna fortunei (Mytilidae) into South America, The Veliger, 38（2），171-175（1995）．
21) 松田征也，上西 実：琵琶湖に侵入したカワヒバリガイ（Mollusca ; Mytilidae），滋賀県立琵琶湖文化館研究紀要，10, 45（1992）．
22) 中井克樹：日本に侵入したカワヒバリガイ，発見の経緯とその素性，関西自然保護機構会報，17

(1), 49-56 (1995).
23) H. Ieyama : Chromosomes and nuclear DNA contents of *Limnoperna* in Japan (Bivalvia : Mytilidae), *Venus* (*Jap. Jour. Malac.*), **55** (1), 65-68 (1996).
24) T. Kimura and M. Tabe : Large genetic differentiation of the mussels *Limnoperna fortunei fortunei* (Dunker) and *Limnoperna fortunei kikuchii* Habe (Bivalvia : Mytilidae). *Venus* (*Jap. Jour. Malac.*), **56** (1), 27-34 (1997).
25) M. Nei : Genetic distance between populations, *Amer. Natur.*, **106**, 283-294 (1972).
26) J. H. McDonald and R. K. Koehn : The mussels *Mytilus galloprovincialis* and *M. trossulus* on the Pacific coast of North America, *Mar. Biol.*, **99**, 111-118 (1988).
27) R. K. Koehn : The genetic and taxonomy of species in the genus Mytilus, *Aquaculture*, **94** (2/3), 125-145 (1991).
28) R. Väinölä and M. M. Hvilsom : Genetic divergence and hybrid zone between Baltic and North Sea *Mytilus* populations (Mytilidae ; Mollusca), *Biol. J. Linn. Soc.*, **43** (2), 127-148 (1991).
29) E. M. Gosling : Genetics of *Mytilus*, in "*The mussel Mytilus : ecology, physiology, genetics and culture*" (ed. by E. M. Gosling), Elsevier Science Publishers B. V. Amsterdam, 1992, pp.309-382.
30) B. Wilson : A new generic name for three recent and one fossil species of Mytilidae (Mollusca : Bivalvia) in southern Australia, with redescriptions of the species, *Proc. malac. Soc. Lond.*, **37**, 279-295 (1967).
31) J. B. P. A de Monet de Lamarck : Histoire naturelle des animaux sans vertébres, présentant les caractéres généaux et particluiers de ces animaux. *leur distribution, leurs classes, leurs familles*, **6**, 112-113 (1819).
32) C. E. Lischke : Diagnosen neuer Meers-Conchylien von Japan. *Malakozoologische Blätter*, **18**, 39-45 (1871).
33) K. W. Ockelmann : Descriptions of mytilid species and definition of the Dacrydiinae n. subfam. (Mytilacea-Bivalvia), *Opelia*, **22** (1), 81-123 (1983).
34) T. Kuroda, T. Habe and T. Okutani : *The sea shells of Sagami Bay*, Maruzen, 1971, 741+pl. 121+487+51pp.
35) T. Kimura : Shell morphology and anatomy of *Xenostrobus atratus* (Lischke, 1871) (Bivalvia : Mytilidae), *The Yuriyagai* (*J. Malacozool. Ass. Yamaguchi*), **4** (1/2), 97-101 (1996).
36) B. Wilson : Survival and reproduction of the mussel *Xenostrobus securis* (Lam.) (Mollusca : Bivalvia : Mytilidae) in a Western Australian estuary. Part 1. Salinity tolerance, *J. nat. Hist.*, **2**, 307-328 (1968).
37) 木村妙子：浜名湖におけるホトトギスガイ *Musculista senhousia* (Benson) とコウロエンカワヒバリガイ *Limnoperna fortunei kikuchii* Habe の個体群動態，特に加入過程に関する生態学的研究，三重大学博士論文，1994，81pp.
38) 木村妙子，角田　出，黒倉　寿：淡水および汽水域に生息するイガイ科カワヒバリガイ属の塩分耐性と浸透圧調節，日本海水学会誌，**49** (3), 148-152 (1995).

39) J. T. Carlton : Transoceanic and interoceanic dispersal of coastal marine organisms : the biology of ballast water, *Oceanogr. Mar. Ann. Rev.*, 23, 313-371 (1985).
40) T. Kimura and H. Sekiguchi : Effects of temperature on larval development of two mytilid species and their implication, *Venus* (*Jap. Jour. Malac.*), 55 (3), 215-222 (1996).
41) 小島　清・日豪調査委員会：豪州経済ハンドブック，日本経済新聞社，1981，286pp.
42) 岡田良徳：ニュージーランドの貿易多様性と経済発展，大東文化大学経営研究所，1988，183pp.
43) M. J. Middleton : The oriental goby, *Acanthogobius flavimanus* (Temminck and Schlegel), an introduced fish in the coastal waters of New South Wales, Australia, *J. Fish Biol.*, 21, 513-523 (1982).
44) S. M. Slack-Smith and A. Brearley : *Musculista senhousia* (Benson, 1842); a mussel recently introduced into Swan River estuary, Western Australia. (Mollusca : Mytilidae), *Rec. West. Aust. Mus.*, 13 (2), 225-230 (1987).
45) R. D. Ward and J. Andrew : Population genetics of the northern Pacific seastar *Asterias amurensis* (Echinodermata: Asteriidae): allozyme differentiation among Japanese, Russian, and recently introduced Tasmanian populations, *Mar. Biol.*, 124, 99-109 (1995).
46) 鷲谷いずみ，森本信生：日本の帰化生物，保育社，1993，191pp.
47) 中井克樹：バス釣りブームがもたらすわが国の淡水生態系の危機～何が問題で何をすべきか，淡水生物の保全生態学：復元生態学に向けて（森　誠一編），信山社サイテック，1999，pp.154-168.
48) 梶原　武：ムラサキイガイ-浅海域における侵入者の雄，日本の海洋生物-侵略と攪乱の生態学（沖山宗雄・鈴木克美編），東海大学出版会，1985，pp.49-54.
49) 坂口　勇：ミドリイガイによる汚損実態，電気化学会海生生物汚損対策懇談会，1996.
50) H. J. MacIsaac : Potential abiotic and biotic impacts of zebra mussels on the inland water of North America, *Amer. Zool.*, 36, 287-299 (1996).
51) 福田　宏，福田敏一：阿知須干拓にコウロエンカワヒバリガイ出現，山口県の自然，55，16-20 (1995).
52) 黒住耐二：日本における貝類の保全生物学－貝塚の時代から将来へ－，月刊海洋，号外 20，42-56 (2000).
53) B. Sabelli and S. Speranza : Rinvenimento de *Xenostrobus* sp. (Bivalvia : Mytilidae) nella laguna di Venezia, *Boll. Malacol.*, 29, 311-318 (1993).
54) G. Lazzari and E. Rinaldi : Alcune considerazioni sulla presenza di specie extra Mediterranee nelle lagune salmastre di Ravenna, *Boll. Malacol.*, 30, 195-202 (1994).

4.

カワヒバリガイの日本への侵入

中 井 克 樹

　カワヒバリガイ属 *Limnoperna* は，大多数が海産種であるイガイ科の貝としては例外的に純淡水域（一部，汽水域）に生息するグループで，東アジアから東南アジアにかけて数種が知られている．そのなかで，カワヒバリガイ *Limnoperna fortunei* は中国大陸・朝鮮半島に分布し，日本でも 1990 年代になって野生化した個体が確認されるようになった．この貝は，中央アジアを原産地とするゼブラガイ（カワホトトギスガイ）*Dreissena polymorpha*（マゴコロガイ科）とともに，われわれ人間の利水活動に悪影響を与えうる貝として，世界的にもよく知られている [1]．ここでは，カワヒバリガイの生息が確認されている 2 つの水系における発見の経緯と生息状況を中心に述べ，最後に，今後カワヒバリガイに対しても応用可能であると考えられる，北アメリカにおけるゼブラガイを対象とした駆除・防除への取り組みを紹介したい．

4-1 発見の経緯と現在の分布域

1）琵琶湖・淀川水系

　1992 年 4 月ごろ，滋賀県立琵琶湖文化館の松田征也氏（現在は博物館の同僚）が「琵琶湖で採れた」として暗褐色の小さなイガイ類と思える貝の標本を見せてくれた．この貝は，松田氏が研究者仲間の上西実氏とともに，琵琶湖北湖の近江八幡市の岩石湖岸，通称「水ヶ浜」で水生昆虫の調査をしている最中に，石に付着しているのを見つけたものだという．ちょうど滋賀県教育委員会事務局（仮称）琵琶湖博物館開設準備室（以下，「準備室」と略記）に職を得たばかりであった筆者は，それまでカワヒバリガイを見たことがなく，とっさ

にその可能性を指摘することを躊躇したことを覚えている．それまで淡水貝類に関して特別な思い入れがなく，いろいろと勉強・経験していかなければとの決意を抱いていた矢先，琵琶湖の貝類研究の先輩でもある松田氏から強烈な"洗礼"を受けたわけである．

それまでカワヒバリガイは琵琶湖どころかわが国のどこからも全く記録がなく，広大な琵琶湖で生きた貝がたった 1 個体見つかったという状態のままであれば，その個体の由来をめぐる素朴な謎が残るだけであったことだろう．ところが，実際にはこの第一個体の発見は，物語の始まりにしか過ぎなかった．

準備室の職員として，筆者は琵琶湖地方の淡水魚類に関するものと淡水貝類に関するものの 2 件の委託研究・調査プロジェクトの窓口を担当することになった．1992 年 8 月末，筆者は淡水魚類プロジェクトの現地調査に同行し，水ヶ浜よりも少し北に位置する北湖の岩石湖岸で，他の調査員とともに湖面に浮かんでスノーケリングをしながら魚類の調査や貝類の採集を行っていた．その時，筆者自身はカワヒバリガイのことはすっかり失念していたが，調査が終わったとき調査員の一人が手にしていたのが，数個体の小型のカワヒバリガイであった．それらは大きな岩のくぼみに付着していたという．

琵琶湖内の複数箇所から複数の個体が発見されたことで事態は一変した．「カワヒバリガイが琵琶湖のかなり広い範囲にすでに生息している」可能性が高まったのである．そこで，1992 年 9 月以降，淡水貝類プロジェクトの一環として，急遽カワヒバリガイの分布・生息状況の調査が何度か実施された．その結果は，当初の予想を上回るものであった．カワヒバリガイは，南湖の東岸の人工湖岸の何ケ所からも，ところによってはかなり高密度で見つかり，分布の下流端は琵琶湖の流出河川・瀬田川の流量を制御する瀬田川洗堰の下流側に達していたのだ．この時点での知見を総合すると，カワヒバリガイは北湖東岸の近江八幡市の岩石湖岸を北端とし，南湖東岸づたいに瀬田川にまで生息していることが明らかになった[2]．ところで，琵琶湖の沿岸域の底生動物は 1980 年代後半に滋賀県琵琶湖研究所によって潜水調査の手法を含めて精力的に調査されていたが，その際にはカワヒバリガイはまったく確認されていないこと[3]

を考えると，本種が琵琶湖の比較的広い範囲に生息するようになったのは，その時期よりも後のことであると推測される．

　淡水イガイとして知られるカワヒバリガイが，韓国・ソウル郊外の漢江（ハンガン）につくられた八堂（パルダン）ダムで 1980 年代初頭に大発生し，利水施設の運用に大きな影響を及ぼしたこと [4,5] や，北アメリカ五大湖ではゼブラガイが 1980 年代後半に侵入したものが大規模に野生化し，五大湖というきわめて巨大な淡水生態系の構造を激変させ，水系の河川では在来二枚貝の存続の危機を招いているうえに，利水施設に対して甚大な経済的損失を与え続けていることなどが，相次いで分かってきた．振り返って琵琶湖を考えると，琵琶湖は世界有数の古代湖で，多くの固有種が生息する湖であるという側面をもつ一方，琵琶湖・淀川水系は流域 1,400 万人がその水資源に依存している，わが国最大の水資源供給地でもある．この琵琶湖でカワヒバリガイが大量発生したらどうなるだろうか．固有性の高い琵琶湖の生態系に取りかえしのつかない影響が出るのではないか？　さらに流域の利水施設に大きな被害が生じる可能性があるのではないか？　このような不安が錯綜するなか，まずはカワヒバリガイの出現を報じるべく，最初の発見事例が 1992 年の末に公表された [6]．こうして，琵琶湖にカワヒバリガイが侵入・野生化した事実は一般に知られるところとなった．

　翌 1993 年，北湖の東岸沿いには，近江八幡市の岩石湖岸よりも北側でカワヒバリガイを確認することができなかったが，南湖では西岸でも離散的かつ低密度ながら確認されるようになった．また，1992，1993 両年の殻長組成を比較することで，琵琶湖における本種の成長様式の概略もわかってきた [7]．1994 年には，琵琶湖北湖東岸での分布北限は愛知川河口部（能登川町と彦根市の境界）までわずかに延びた [8]．さらに，1994 年から 1996 年にかけての 3 年間，建設省近畿地方建設局・滋賀県・水資源開発公団の 3 者が合同で，琵琶湖およびその流出河川の淀川（瀬田川・宇治川）におけるカワヒバリガイの分布・生息調査を環境調査会社に委託した．その結果，カワヒバリガイは淀川のほぼ全域で生息が確認され，下流域への分布拡大という懸念は現実のものとなった [9]．

一方,琵琶湖内での分布域の拡大はこの調査によって確認できなかったが,おそらくは1994年の記録的な水位低下がカワヒバリガイ成貝の生息・繁殖や稚貝の着底を阻害したことが影響しているのかもしれない.その後,1997年秋の筆者らの調査によって,繁殖可能と考えられる程度の密度でカワヒバリガイが生息する地点の北限は,東岸でびわ町,西岸で志賀町にまで達した[10].また,単独個体の生息は湖の北端に位置する西浅井町でも確認されている[11].このように,カワヒバリガイの琵琶湖での分布は,湖全体におよぶ勢いを見せている(図4-1).

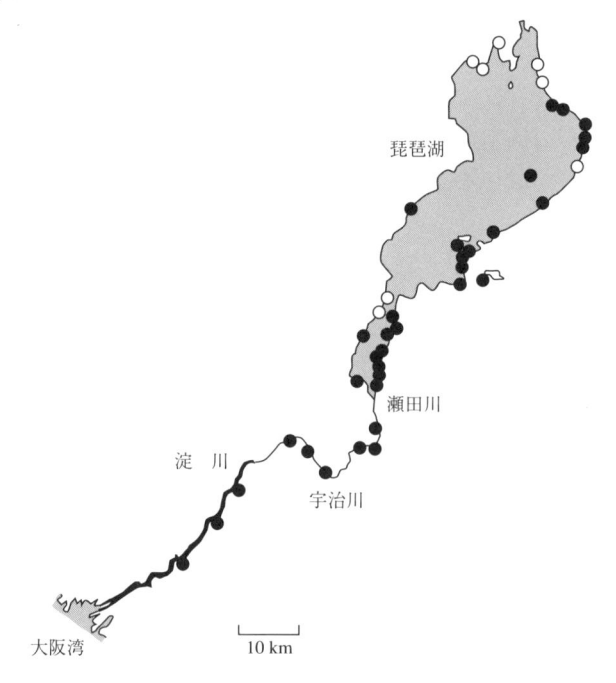

図4-1 琵琶湖・淀川水系におけるカワヒバリガイの分布(2000年現在).
黒い丸は近接して複数個体の生息が確認された地点を示す.

2) 木曽川水系(木曽川・長良川・揖斐川)
1993年の末,河口堰の運用を間近にひかえた長良川下流の川底から採取さ

れた石が筆者のもとへ送られてきた．その石にはイガイ類が着生していた．当時，汽水～内湾性のコウロエンカワヒバリガイ *Xenostrobus securis* がこの川の下流域に生息することは知られており[12]，送主は，石に着生した貝がコウロエンカワヒバリガイであり，採取地点で確認されたことが，河口堰運用のために河川の浚渫をしたことに起因する塩水遡上の証拠になるのではないかと考えていたという．ところが，問題の貝はコウロエンカワヒバリガイではなく，正真正銘のカワヒバリガイであった．それも一つの石にかなり多くの個体が着生し，そのほとんどが前年（あるいはそれ以前）生まれと考えられる大きさに達していた．河口堰問題に揺れる長良川にも，すでにカワヒバリガイが侵入していたわけである．なお，その当時，コウエンカワヒバリガイはカワヒバリガイの亜種とみなされていたほど外見上酷似しており，カワヒバリガイそのものが日本に生息する種ではなかったことから，それまではカワヒバリガイがコウロエンカワヒバリガイであると判断されていたことはやむを得なかったといえよう．

まだ河川環境では琵琶湖から流出して直後の瀬田川でわずかに生息が確認されていたにとどまっていたこの時期に，長良川の下流域でカワヒバリガイのかなり大型の個体が多数見つかったことは，すぐさま大きな不安を呼び起こすこととなった．というのも，長良川下流域の水が周辺地域に供給されており，さらに長良川河口堰で湛水される水も水道用水としての利用が計画されていたからである．年が明けて 1994 年の初頭，マスコミの取材活動により，長良川から取水する農業用水や工業用水の施設内にもカワヒバリガイが侵入し，コンクリート壁面などに着生していることが明らかとなった[13]．

このような事態が判明して，河川管理者である建設省中部地方建設局と農業用水管理者である農林水産省東海農政局は，それぞれ独自に 1993 年度中に木曽三川におけるカワヒバリガイの生息状況調査を開始した．この対応の早さは，カワヒバリガイの潜在的危険性が行政側にも強く認識されていたことの現れであろう．調査の結果，木曽三川の残る 2 河川の揖斐川と木曽川においても，カワヒバリガイの生息が相次いで確認された．また，筆者らが運用前の長良川河口堰ピアで潜水調査した結果，塩分濃度の低い水面近くにカワヒバリガイが，

海水がわずかに薄められた汽水が卓越する水底近くにコウロエンカワヒバリガイが，深度を違えて着生していることが判明した[14]．ただ，ここのカワヒバリガイは当歳個体ばかりであったことから，塩分条件などがカワヒバリガイの長期的な生存をさまたげていると推定される．中部地方建設局木曾川下流工事事務所による1993～1994年度の調査の結果，カワヒバリガイの流域分布は，木曽川では木曽川大堰の直下を上流端，河口から8.2 kmの尾張大橋を下流端に，長良川では名神高速道路長良川橋付近の河口から33.0 km地点を上流端，河口から5.4 kmの長良川河口堰を下流端とし，揖斐川でも河口から32.2 kmの福束大橋，5.8 kmの伊勢大橋がそれぞれ上流端，下流端であった．すなわち，カワヒバリガイの木曽三川における流域分布の範囲は，河川の感潮域のうち，純淡水域〜すなわち表層水に海水の塩分が含まれないが，河川水が潮汐の影響で流域に沿って上下する範囲〜が中心で，下流端は一部汽水域に含まれることが明らかとなった（図4-2）．

木曽川水系でカワヒバリガイの生息が確認されたことで，それまでの調査結果や標本類が見直された．というのも，琵琶湖と同様，木曽川水系もこれまでに生物調査が活発になされてきた水域であり，それまでにも汽水〜内湾生のコウロエンカワヒバリガイが長良川では上流側方向へ例外的に広範囲に生息していることが指摘されていた[12]ことなど，カワヒバリガイの生息を記録していたらしい

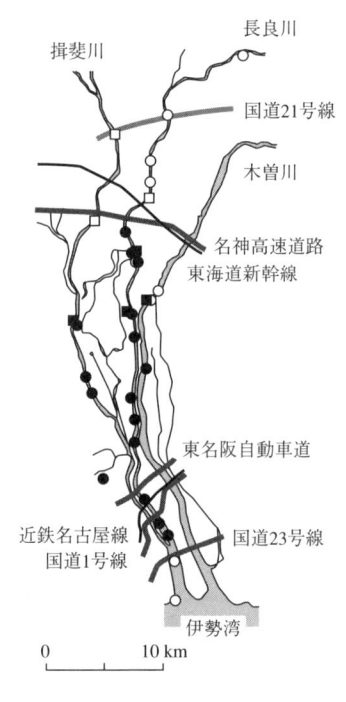

図4-2 木曽川水系（木曽川・長良川・揖斐川）下流部におけるカワヒバリガイの分布．1993年12月から1994年11月までの調査の結果をまとめたもの．黒く塗りつぶした記号は生息が確認された地点を示す．

調査結果が残されていたからである．そして見直しの結果，この水系における最初のカワヒバリガイの採集記録は，1990年5月に揖斐川での確認まで遡ることが明らかとなった[15]．この記録が，わが国におけるもっとも初期の野外でのカワヒバリガイの生息確認となっている．

木曽川水系におけるカワヒバリガイの流域分布が，河川感潮域と一致している事実は，本種が生活史の初期（受精卵～ヴェリジャー幼生）にプランクトン生活を送る時期をもつことを考えれば，河川水の移動によって幼生が運ばれる形で個体群が維持されていることを示すものであると理解されよう[8]．

4-2 着生部位と捕食者の存在の可能性

カワヒバリガイは浮遊幼生期が終わると稚貝として着底し，固い基盤の表面で固着生活を送るようになる（図4-3）．カワヒバリガイの着生している個所は琵琶湖におけるこれまでの調査によって，比較的限定されていることが判ってきた．すなわち，自然石の場合には，下面と水底との間に空隙があり（いわゆる「浮き石」），ある程度以上の大きさをもった石（すなわち，浮き石にもかか

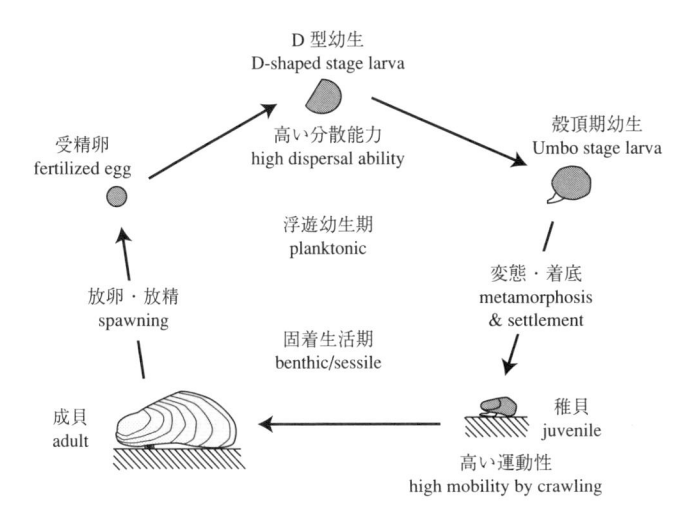

図4-3　カワヒバリガイの生活史の概略

わらず安定している）の下面にほぼ限られている．また，人工基盤の場合には，深い目地や奥まったコーナー部分などに集中していることが多く，平坦な露出面にはほとんど着生していない．このように着生部位が限られている原因の一つに，捕食者としての魚類の存在が考えられる．

琵琶湖南湖では，現在，沿岸域で爆発的に増加している外来魚のブルーギル *Lepomis macrochirus*（サンフィッシュ科）の胃内容物から，カワヒバリガイの若い個体がかなりの頻度で見つかる *．また，コイ *Cyprinus carpio* やフナ類 *Carassius* spp. など，口を水底に当てながら大きく開閉する動作を繰り返して採餌する習性をもつ在来の底生動物食の魚類にも，底質の露出した表面に着生したカワヒバリガイが（とくに着底して間もない小型で固着力が強くない個体では）かなりの割合で捕食されている可能性がある．実際，韓国のダム湖では，コイ科魚類によるカワヒバリガイの捕食が確認されている[4]．このような捕食者としての底生動物食の魚類の存在が，淡水止水域においてカワヒバリガイの着生部位が"物陰"に限られている主因なのかもしれない．

長良川や揖斐川の感潮域の下流側では，カワヒバリガイが場所によってはテトラポッドの表面に群生してることも観察されており，また，一部の取水施設の内部では，コンクリートの平坦な垂直面にもパッチを形成しながら密集して着生している事例がある．前者の場合は流水であったり，あるいはある程度の塩分が混じっている水域であると推定されることや，後者の場合には人工的施設の内部であるという事情から，ともに底生動物食の淡水魚類がほとんど生息していないか，生息していても充分な捕食行動がとりにくいことが，カワヒバリガイが露出面に堂々と着生することを許しているのではないかと推測される．今後の実験的手法を用いた実証的研究が望まれる．

4-3　侵入の経路と分布域の拡大

カワヒバリガイがわが国へ侵入した経路としては，東アジアから輸入されるシジミ類など生きた水産物に混入して持ち込まれた可能性が高いと考えられて

---

* 中井ほか（未発表）

いる[11]．実際，輸入シジミ類にカワヒバリガイが混じっていたとの報告は 1987 年からあり[16]，木曽川水系においても揖斐川下流の漁協が中国産シジミを扱っていて，その中にカワヒバリガイが混入していたことがニュース番組で紹介されている[8]．しかし琵琶湖では，カワヒバリガイの侵入時期に輸入シジミ類が放流されたことは確認できておらず，それ以外の経路によってカワヒバリガイが侵入した可能性も考えなければならないであろう．いずれにせよ憂慮すべきは，カワヒバリガイが混入している可能性のある東アジアからの生きたシジミ類の輸入量が，1980 年代以来，増加する傾向を示していることである[17]．おそらく揖斐川下流以外のシジミ産地においても，輸入シジミが生きたまま蓄養あるいは放流されている可能性があり，それがカワヒバリガイの新たな水域への定着につながるかもしれない[11]．

ところで，カワヒバリガイは着底後，少なくとも大部分の個体が同じ場所に着生したままで成長することから，本種の大型個体の生息水深は，その年級群が誕生して以来経験した最低の水深よりも深い側に限定されるはずであり，また，水位低下による干出のために死亡した個体は，着生基盤から脱落しやすい．このことは，底生動物の調査が行われる際に水位が最低水位に近いとは限らないために，カワヒバリガイがごく水際に生息している可能性は高くないことを示している．また，上述のように，淡水域では本種の着生個所は"物陰"に限定される傾向があることから，柄付き網などによってある程度の深さからすくいあげられる可能性もきわめて低い．一方，これまで見てきたように，カワヒバリガイの既知の生息水系は琵琶湖・淀川水系と木曽川水系であるが，どちらも潜水調査を含めた生物調査が全国的にみてもたいへん活発に行われてきた水域である（実際，琵琶湖での 2 例目の発見も，長良川での「石」の採取も，潜水調査によるものである）．このように考えると，カワヒバリガイが生息している水域でも，通常の方法による底生動物調査の際に採取・確認できる可能性は決して高くないと予想される．

1990 年代にはいって全国規模での河川生物の調査（［財］リバーフロント整備センター『河川水辺の国勢調査』）なども実施されているが，今のところ外

来種のカワヒバリガイの侵入・野生化が確認されている水域は琵琶湖・淀川水系と木曽川水系の2水系のみである[11, 18]. しかしながら, カワヒバリガイが混入している可能性の高い大陸産の生きたシジミ類は上述のようにわが国に大量に輸入され続けており, 実際に外国産シジミが野生化している事例は各地で続出している[11, 19, 20]. このような状況から判断して, 既知の2水系以外にもカワヒバリガイが侵入し, 野生化に成功しているかもしくは近い将来にそうなる場所があることを, 予測せざるを得ないのが現状である[11].

4-4 駆除・防除の方策 ── ゼブラガイの事例を参考に

1）マニュアルを検討する前に

カワヒバリガイは, わが国に侵入する以前から, 原産地とされる中国のほか香港, 韓国, 台湾などで相次いで大規模に発生し, 利水施設の運用に大きな影響を与えてきたことが報じられている[4, 21, 22, 23]. それは浮遊幼生期と固着習性をもつというこの貝の生態的特性に起因する. すなわち, 原水とともに幼生が利水施設内に侵入し, その内部で稚貝が着底した場合, そこで次第に成長し, 通水障害を起こすのである（図4-3）. 東アジア各地で次々に被害が生じていることから, いずれわが国へもこの貝が侵入した場合に相当の悪影響を招く可能性は, 韓国での大発生を契機に危惧されるようになっていた[5]. 当時は具体的な侵入の経路も想定されず, 一部を除いてカワヒバリガイが侵入することへの危機感もほとんどなかったが, 現実にわが国へこの貝が侵入し野生化に成功したことにより, 利水活動への悪影響はにわかに現実味を帯びてきた. そして, 1994年には木曽三川の農業用水・工業用水施設にこの貝が侵入していることが判明し[13], 琵琶湖・淀川水系においても利水施設への侵入が顕在化しつつある.

いまやこの貝に"汚染"された水域である琵琶湖・淀川水系と木曽川水系はさまざまな利水施設の水源となっており, 各施設において, カワヒバリガイが大量に侵入・着底・成長するという"最悪の事態"を想定した具体的な対処方法を検討する時期にきている. 確固たる根拠をもって「最悪の事態は生じない,

あるいはそれが生じても影響が及ばない」という保証のない限りは，リスク管理の点からも各利水者はさまざまな事態を想定したうえで，具体的な対応策を検討しておかなければならないだろう．「今のところ大丈夫であるから問題はない」という安易な安心感は禁物である．すでに各施設での取り組みがなされているようであるが（たとえば，中西・向井[24]），利水の立場からの総合的なマニュアルづくりが望まれる．

カワヒバリガイが問題化したのは，このような生態的特徴をもった生物が純淡水域に生息していなかったため，その存在を想定せずに利水施設が設計・管理・運用されていたことがもっとも大きな原因であろう．海水を利用する施設の場合には，イガイ科貝類やフジツボ類などさまざまな付着生物の存在が前提とされているために，カワヒバリガイの事例にも応用可能な部分があれば積極的な採用が望まれる．しかし十分な対処ができるかどうかは，施設の設計上の制約もあり，それぞれの施設に固有の問題として残されよう．

一方，中央アジアが原産で，前世紀に西ヨーロッパへと分布を拡大し，1980年代半ばに突如北アメリカの五大湖水系に侵入して爆発的に増加したゼブラガイに対しては，アメリカ合衆国・カナダ両国の官・学・民により，迅速かつ包括的に対応策が検討された結果，1993年にはすでに『ゼブラガイのモニタリングと管理のための実用マニュアル（Practical Manual for Zebra Mussel Monitoring and Control）』が出版されるに至っている[25]．ゼブラガイのもつ生態的特性はカワヒバリガイと類似していることから，このマニュアルが網羅している実用的な内容は非常に応用価値が高いものと思われる．ただし，形態と生態の類似性に反して，カワヒバリガイとゼブラガイは所属する亜綱の段階から異なっている（それぞれ翼形亜綱 Pterimorpha と異歯亜綱 Heterodonta）ほど系統的には遠縁であることから，両者の生理的な特性などは相当に違っている可能性があるので注意が必要である．

2) ゼブラガイ対策マニュアルの中身

ゼブラガイのマニュアルでは，貝を駆除・防除するための具体的方策として，幼生の侵入・着底を未然に防ぐための対策（proactive strategies）と，着底し

た貝を取り除くための対策（reactive strategies）とに分けて詳説されている.

どちらの対策においても中心をなすのは，わが国の浄水過程で普通に用いられている塩素処理（chlorination）である．塩素処理に関しては独立した章も設けられ，侵入した幼生に対しても，着生した稚貝～成貝に対しても具体的な効果があることが示されている．ただし，塩素は駆除・防除効果が高く，かつ廉価であるという利点がある反面，副次的に毒性の強い化学物質が生成されうることから環境面での問題点が指摘されており，今後も価格の低さと安全性の高さのトレードオフにおける妥協点が探られることになろう.

このマニュアルでは，駆除・防除に利用可能な化学物質として，塩素，二酸化塩素，クロラミン，オゾン，臭素，過酸化水素，過マンガン酸カリウムといった酸化剤のほか，硝酸アンモニウムやカリウム塩，異性重亜硫酸ナトリウムなどの化学物質があげられている．そのほか，市販の殺貝剤を用いたり，幼生を凝集させる薬剤の使用や塩分濃度の調節なども提案されている.

幼生が着底する前の防除策としては，濾過による除去のほか，紫外線や電気ショック，音響などで幼生を殺したり，幼生の着底を阻害するために，基盤そのものに皮膜あるいは通電する，あるいは水の流速を速くするなどの方法が述べられている.

着底後の稚貝～成貝を駆除するには，着生した貝を殺すための手段と，着生した貝を脱落させるための手段とが記述されており，前者として温度ショック，乾燥化，凍結化，脱酸素化など，後者としては潜水夫や可変水圧，研磨剤を用いた物理的な除去が中心だが，温度ショックの併用も記されている．また，生物を用いた防除にも触れられているが，これは生物相そのものが異なるわが国では独自に検討すべきことで，先に述べたように底生動物食の魚類がある条件下では効果的かもしれない.

最後に，このマニュアルでとりわけ重要であると筆者が考えるのは，モニタリングの考え方である．施設そのものの内部に貝が着生する目安として，施設内の水の経路と平行して側水路を設置して，そこに稚貝が着生しやすい基盤を置いて，定期的に監視することが推奨されている（sidestream monitoring）.

同様に，繁殖期ごとに水域における野外での発生量を追跡・把握すること（すなわち「貝の当たり年か否か」を知ること）も重要であろう．

琵琶湖のカワヒバリガイの場合，殻長 1 mm 程度の着底間もない稚貝は 7 月から認められる（盛期は 8 月）ことから，繁殖期は 6 月ごろに始まると推定される．多くの利水施設の場合，カワヒバリガイの稚貝が着底してから実際に問題化する大きさに成長するまでの間には何ヶ月かの時間差が生じる（もちろん施設の構造によって問題化する殻のサイズには相違があると思われる）．カワヒバリガイへの効果的な対策を講じるには，この時間差を有効に利用することが不可欠であろう．その意味でも，毎年，繁殖期の始まるころから，「野外での幼生・稚貝の発生規模がどれくらいの規模なのか」を把握するためのモニタリング調査を水域単位で実施し，「利水施設内部への侵入がどの程度で起こっているのか」をそれぞれの施設で定期的に（たとえば 2 週間あるいは 1 ヶ月間隔）監視することがきわめて重要であると筆者は考えている．

琵琶湖で野生化が確認されて以来，カワヒバリガイは在来生態系に対して大きな打撃を与えることが懸念されていたが，現在のところ，露出した表面にほとんど着生できず，生息密度もそれほど高くならないようである．しかし，河川や沈砂池ではおびただしい個体が露出した基盤表面に一面に着生する場合も確認されており，本種の潜在的影響の可能性は忘れてはならない．

カワヒバリガイは，侵入した先がたまたま琵琶湖や長良川という生態的な調査が非常に活発になされていた水域であったがゆえに，"早期発見"されることとなった．しかし，ほとんど無規制に外国からの生きた生物がさまざまな目的で持ち込まれているわが国の現状を考えると，すでに気付かれないよう密かに新たな外来種が野生化している可能性も否定できない．淡水生の貝類では，カワヒバリガイほど人間活動に直接的な影響を与える種はそれほどいないだろうが，外来種は侵入して一旦，野生化に成功した場合，どのような影響が出るのか予測することがきわめて難しく，またその種を選択的かつ効果的に駆除することも非常に困難であることが予想される．したがって，生物多様性の維

持・保全へ向けての国際的な流れのなかで，わが国も，外来種の侵入の原因となるような種々の経済・貿易活動などに対しても，制限的側面を含んだ取り組みが求められている．

文　献

1) B. Morton : Freshwater fouling bivalves. *Pro., First Int. Corbicula Sym. Texas Christian Univ.* Fort Worth : 1-14（1977）．
2) 松田征也・中井克樹・木村妙子・上西　実・紀平　肇：琵琶湖における淡水イガイ（カワヒバリガイ *Limnoperna fortunei*）の分布について．貝類学雑誌，**52**，171（1993）．
3) 西野麻知子：びわ湖の底生動物Ⅰ　貝類編．滋賀県琵琶湖研究所，大津．46 pp（1991）．
4) 崔基哲・崔信錫・辛昌男：［淡水貝類の生態学的研究報告書.］1982，産業基地開発公社．（韓国語）
5) 小島貞男：淡水イガイ（*Limnoperna fortunei*）による障害とその対策．日本水処理生物学会誌，**18**，29-33，（1982）．
6) 松田征也・上西　実：琵琶湖に侵入したカワヒバリガイ．滋賀県立琵琶湖文化館研究紀要，**10**，45（1992）．
7) 中井克樹：淡水棲イガイ，カワヒバリガイ *Limnoperna fortunei*（Dunker, 1857）の日本への侵入．日本貝類学会誌，**53**，139（1994）．
8) 中井克樹：日本に侵入したカワヒバリガイ，発見の経緯とその素性．関西自然保護機構会報，**17**，49-56（1995a）．
9) 中井克樹：琵琶湖における外来種の現状と問題点－とくにカワヒバリガイと「バス問題」について－．関西自然保護機構会報，**18**，87-94（1996）．
10) 中井克樹・松田征也・上西　実：琵琶湖におけるカワヒバリガイの分布拡大．貝類学雑誌，Venus，**57**，139-140（1998）．
11) 中井克樹・松田征也（2000）　日本における淡水貝類の外来種 — 問題点と現状把握の必要性 —．号外海洋「軟体動物学の最近の動向と将来」．海洋出版，東京．pp. 57-65．
12) 山西良平：長良川汽水域の水辺の生物?予備的調査による出現種の記録．*Nature Study*，**38**（4），3-8（1992）．
13) 中井克樹：木曽三川の利水施設へのカワヒバリガイ *Limnoperna fortunei* の侵入．貝類学雑誌，**54**，89（1995b）．
14) 中井克樹・新村安雄・山田二朗：長良川・揖斐川で発見されたカワヒバリガイ *Limnoperna fortunei* の分布状況．貝類学雑誌，**53**，139-140（1994）．
15) 木村妙子：日本におけるカワヒバリガイの最も早期の採集記録．ちりぼたん，**25**，34-35（1994）．
16) 西村　正・波部忠重：輸入シジミに混っていた中国産淡水二枚貝．ちりぼたん，**18**，110-111（1987）．
17) 大蔵省編：日本貿易月表，平成元年 12 月号～平成 10 年 12 月号．（財）日本関税協会，東京（1990-1999）．
18) リバーフロント整備センター編：平成 5，6，7 年度河川水辺の国勢調査年鑑　魚介類調査・底生

動物調査編.84, 60, 70 pp. リバーフロント整備センター, 東京 (1996, 1997, 1998).
19) 増田　修・波部忠重：岡山県倉敷にすみついたカネツケシジミ．ちりぼたん, **19**：39-40 (1988).
20) 増田　修・河野圭典・片山　久：西日本におけるタイワンシジミ種群とシジミ属の不明種2種の産出状況．兵庫陸水生物, **49**, 22-35 (1998).
21)　B. Morton : The colonisation of Hong Kong's raw water supply system by *Limnoperna fortunei* (Dunker 1857) (Bivalvia : Mytilacea) from China. *Malacological Review*, **8**, 91-105 (1975).
22) 譚天錫・白振宇・夏國經：河殻菜蛤（*Limnoperna fortunei* Dunker）於臺灣北部重新被大量發現之記述．貝類學報, **13**, 97-100 (1987).
23) 蔡如星編：浙江動物誌，軟体動物．浙江科学技術出版社，杭州．1991, 9+370pp, 4pls.
24) 中西正治，向井聖二：淀川におけるカワヒバリガイの生息状況と駆除について．In：日本工業用水協会第30回研究発表会講演要旨（1995）．
25) Claudi, R. and Mackie, G. L. : Practical Manual for Zebra Mussel Monitoring and Control. 1993, 227 pp. Lewis Publishers, Boca Raton.

5.
足糸タンパク質の構造から見た
ムラサキイガイ類の種分化

井 上 広 滋

　ムラサキイガイ類は，世界の温帯から寒帯の海岸の潮間帯付近に広く分布する二枚貝である．ムラサキイガイ類はムール貝とも呼ばれ，世界的に重要な食料資源であり，多くの国で養殖も行われている．

5-1 分 類

　ムラサキイガイ類の属する *Mytilus* 属の分類は歴史的に混乱してきた．形態学的にはこの属の貝類は際立った特徴が少なく，かつ個体変異が多いこと，また遺伝学的には複数種が共存している海域では種間雑種が生じること，さらに，生態学的には，浮遊幼生期に船舶のバラストウォーターに入り込んだり，成貝が船底に付着することにより分布が大きく移動すること，などが分類の混乱の主な原因である．

　分類の詳細については他の報文に譲るが[1~4]，現在のところは，*Mytilus* 属をヨーロッパイガイ *M. edulis*，ムラサキイガイ *M. galloprovincialis*，キタノムラサキイガイ *M. trossulus*，カリフォルニアイガイ *M. californianus* およびイガイ *M. coruscus* の 5 種とする説が有力である．そのうち *M. edulis*，*M. galloprovincialis*, *M. trossulus* の 3 種は非常に近縁であると考えられており[5]，形態だけでこれら 3 種を同定することはほとんど困難である．近年ではこれら 3 種をとまとめて *M. edulis* complex と呼ぶことが多く，*M. galloprovincialis* を *M. edulis* の亜種（*M. edulis galloprovincialis*）とする説もある[6,7]．

　ムラサキイガイ類は身近な海岸生物であるだけに種々の研究の材料として用いられている．また近年ではその分布の広さゆえに，環境の指標生物としての

価値も注目されている．そのため，分類の専門家でなくても種の判別ができる簡便な同定指標の開発が望まれてきた．筆者らは主としてムラサキイガイの付着にかかわる器官のタンパク質の遺伝子の構造を研究してきたが，その過程において一つの足糸タンパク質の配列が種特異的に分化していることを発見し，その配列を利用することにより，混乱しているムラサキイガイ類の同定が行える可能性を見出した．本章では，足糸タンパク質の研究の現状，足糸タンパク質配列の分子進化，種特異的配列を利用した種同定の試み，および足糸タンパク質の配列から見た日本のムラサキイガイ類の種分布について紹介する．

5-2 付着機構

ムラサキイガイ類は日本の海岸にも広く分布し，各地の海岸の岸壁や岩礁に群れをなして付着している様子が観察される．しかし，日本におけるムラサキイガイの食料資源としての地位はあまり高いものではなく，逆に船舶や漁業・港湾施設，発電所の取水管などに付着して機能を損う有害生物として扱われることも多い[8]．

ムラサキイガイ類が有害生物として扱われる理由の一つは，金属，コンクリート，漁網やロープなど色々なタイプの基盤に付着することができ，しかも付着力が強力なために，付着したムラサキイガイ類を剥がすことが困難なためであろう．ムラサキイガイ類はカキやフジツボのように殻を直接付着する対象物に貼り付けるのではなく，足糸（byssus）と呼ばれる主としてタンパク質からなる糸を付着する対象物に張り付け（図5-1），その足糸を筋肉で引っ張ることにより付着している[9]．足糸の合成は水中で行われ，しかもその接着力は強い波に耐え得る強度をもっている．この水中での接着は生物現象としても非常に興味深い研究対象であるが，付着可能な材質の種類が広いことや，水中での強い接着力に注目して水中接着剤や歯科用接着剤の開発を目指す[10]とか，あるいは接着メカニズムを解明することにより付着防止方法や付着した貝の剥離方法を開発するなどの応用的な意味でも興味深い研究対象である．

一方，一旦合成されて不溶化した足糸を完全に可溶化することは，種々の酸，

溶剤，酵素[11]を用いても極めて困難である．このことは，付着したムラサキイガイを除去することを困難にしているばかりでなく，足糸の構造解明にとっても大きな障害となってきた．しかし，Waite らのグループによる地道なペプチド分析と，DNA クローニング技術の進歩により，その構成成分が次第に明らかにされつつある．

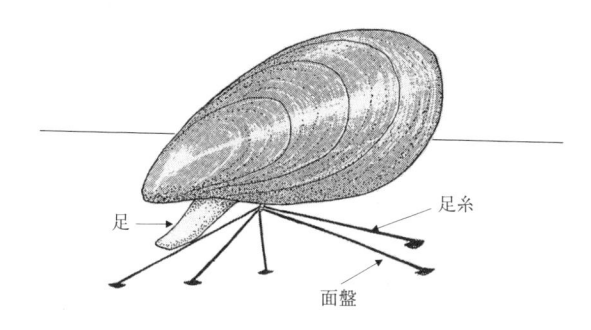

図5-1　ムラサキイガイの付着[42]

5-3　足糸の構成成分

1) コラーゲン

　足糸は大まかには糸（thread）の部分と，先端の吸盤状の形をした面盤（plaque）の部分から構成されている（図5-2）．糸の部分は，主として3種類のコラーゲン Col-D [12]，Col-P [13] および Col-NG [14] から構成されている[15]．Col-D，Col-P の D および P はそれぞれ distal, proximal の頭文字をとったものであり，糸の先端側（すなわち面盤に近い側）には Col-D，糸の根本側には Col-P が多く含まれ濃度勾配を形成しているという[16]．Col-D は配列の両端にフィブロイン様の配列をもっている．一方 Col-P は配列の両端にエラスチン様の配列をもち，足糸の根元側に伸縮性を与えていると考えられている．Col-NG は上記2種類のコラーゲンとは異なり，先端から根元までほぼ均一に分布し（NG は「nongraded」の意味である），Col-D と Col-P の介在分子として機能するのではないかと想像されている[14〜16]．

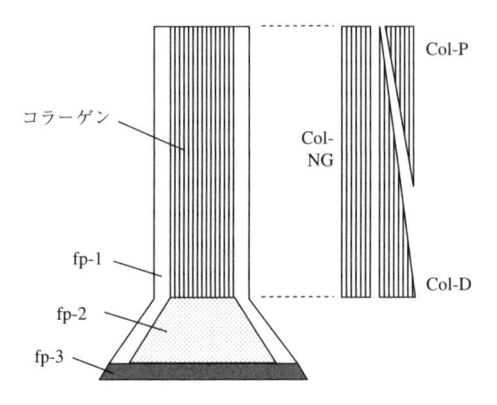

図5-2 ムラサキイガイ足糸の構造.
左図は足糸の構造と構成成分の分布の模式図である．図中には示していないが，面盤の部分には他に fp-4 が存在する．また，右図はコラーゲンの各分子種の分布を模式的に示している．

2) fp-1

　一方，面盤は実際に基盤に接着している部分であるが，少なくとも 4 種類のタンパク質が構成成分として見い出されている[17]．これらの 4 種類のタンパク質はすべて配列中にドーパ（Dopa；3, 4-dihydroxyphenylalanine）を含む，いわゆるフェノール性タンパク質である．ドーパは遺伝子上はチロシンとして存在し，翻訳後にポリフェノールオキシダーゼという酵素[18]によりドーパに変換される．ドーパはさらにドーパキノンを経てキノン架橋を形成し，それが不溶化のメカニズムの一端を担っていると考えられている[9, 19~21]．4 種のタンパク質はそれぞれ単離された順に fp-1，fp-2，fp-3 および fp-4 と命名されている．fp は Foot Protein の略であり，各タンパク質が足（foot）で合成されることから命名されたものである．また，種を区別して表記する場合には学名の頭文字を付ける習慣になっている．例えば，M. edulis の fp-1 タンパク質は Mefp-1，M. galloprovincialis の fp-3 は Mgfp-3 と呼ばれている．

　fp-1 は足糸の成分のなかで最も早く報告された約 110～130 kDa のタンパク質である[9, 22~24]．このタンパク質ははじめに M. edulis から単離され，その一

次配列の大部分が 10 個のアミノ酸からなるデカペプチドモチーフ（Ala-Lys-Pro-Ser-Tyr-Hyp-Hyp-Thr-Dopa-Lys）およびデカペプチドの中央の 4 アミノ酸が欠落した 6 個のアミノ酸からなるヘキサペプチドモチーフ（Ala-Lys-Pro-Thr-Dopa-Lys）の繰り返しで占められていることが報告された．デカペプチド配列中の Hyp はヒドロキシプロリンを示している．さらに 1994 年になってデカペプチドの 6 番目の Hyp は水酸基が一つ多いジヒドロキシプロリン（diHyp）であることが報告された[25]．M. edulis の fp-1 の全一次配列は後にDNA クローニングにより明らかにされ[26,27]，デカペプチド 71～72 回とヘキサペプチド 13～14 回が混ざり合いながらタンデムに配置されている繰り返し領域と，その上流の短い非繰り返し領域から構成されることが明らかになった．このタンパク質は，はじめは接着タンパク質そのものであると考えられてきたが，最近では足糸全体の表面をコーティングしているタンパク質であると考えられている．

3）fp-2

fp-2 は面盤で最もマトリックスの主要構成成分であると考えられている 42～47 kDa のタンパク質である．筆者らは Rzepecki ら[28]によるアミノ酸部分配列のデータをもとに M. galloprovincialis から cDNA クローニングを行い，fp-2 の全 1 次配列を明らかにした（図 5-3）[29,30]．fp-2 の配列の大部分は上皮性細胞増殖因子（Epidermal Growth Factor；EGF）様のモチーフの繰り返し構造であることが明らかになった．EGF 様のモチーフは一般に細胞間相互作用に関係した機能をもつペプチドの配列中に見出されるが[31]，fp-2 が細胞間コミュニケーションにかかわっているという証拠は今のところなく，また，fp-2 の幼生の発生における発現時期[29,32]や，成体における発現部位[33]から見ても，fp-2 の機能は面盤の形成に限定されている可能性が高い．fp-2 は EGF と共通の祖先分子から，Dopa を配列中に組み込んで独自の進化を遂げてきたものと考えられる．最近筆者らは Mytilus 属のメンバーであるが，M. edulis complex に属さないイガイ（M. coruscus）という種から fp-2（Mcfp-2）cDNA を単離し，Mgfp-2 との比較を行った．その結果，推定アミノ酸の配列全体の 27.3%

が置換していたが，一次配列全体の長さ，各々の繰り返しモチーフの長さ，繰り返しモチーフ中で高次構造の維持のために必要と考えられる特定のアミノ酸などよく保存されていることがわかった[34]．この点は，モチーフの配列自体の保存性は高いが繰り返しの数や配置の変異に富む fp-1 (後述) とは対照的である．特徴的な二次構造をとらないという報告[35]のある fp-1 の機能には繰り返しモチーフそのものが重要であるのに対し，fp-2 の機能には高次構造の維持が重要であるのかも知れない．

4) fp-3, fp-4

fp-3, fp-4 は，比較的最近報告された成分である[17]．前述のように足糸タンパク質が一旦不溶化してしまうと分析が困難になるため，酵素による架橋反応

```
    Signal       1  M L F S F F L L L T C T Q L C L G
 N-terminus     18  T N R P D Y N D D E E D D Y K P P
   EGF-like     44        R P V N P C - L K K P C K
    repeats     81        N L K N A C - K P N Q C K
               118          E K N V C - S P N P C K
               155          E V H A C - K P N P C K
               192          Q E N A C - K P N P C S
               229          E R Y V C - A P N P C K
               266          K V N V C - K P T P C K
               302          G E N V C - K P N P C Q
               340        E D K P N P C - N T K P C K
               378      T D K A Y K P N P C V V S K P C K
               420      T K K S Y K K N P C - A S R P C K
 C-terminus    461  S L K S P P S Y D D E Y
```

図 5-3　fp-2 の推定
上皮性細胞増殖因子 (EGF) ファミリーに特徴

```
Mgfp-3A  A D Y Y G P K Y G P P R R Y G G - G N Y N R Y - G
Mgfp-3B  S * * * * N * * S * * W * * Y * * * * * N *
```

図 5-4　fp-3 の
Mgfp-3A の配列中の−は Mgfp-3B には存在するが Mgfp-3A には存在しないアミノ酸残

が進みにくいように低温の海水中で張らせた足糸から抽出を行うことで，初めて両タンパク質を単離することができたという．

fp-3 は配列中にヒドロキシアルギニンを含む約 6 kDa 程度のペプチドで[17]，面盤と接着基盤（岩やガラスなど）の界面に特異的に分布することから接着の主役ではないかと推測されている．fp-3 の一次配列は fp-1, fp-2 のような明らかな繰り返し構造をもたないが（図 5-4），fp-3 は単一のタンパク質ではなく配列が微妙に異なる 20 種類以上のバリアントの混合物で[36]，この分子の多様性が接着のために重要なのではないかとも考察されている．また，PCR を用いた分析により，fp-3 の各々のバリアントは各々別の遺伝子から発現されている可能性が示唆されている[37]．

```
V Y K P S P S K Y

Y N G V C K P R G G S - - Y K C F C K G G Y Y G Y N C
N K S R C V P V G K T - - F K C V C R N G N F G R L C
N N G K C S P L G K T G - Y K C T C S G G Y T G P R C
N K G R C F P D G K T G - Y K C R C V D G Y S G P T C
N G G T C S A D K F G D - Y S C E C R P G Y F G P E C
N G G I C S S D G S G G - Y R C R C K G G Y S G P T C
N S G R C V N K G S S - - Y N C I C K G G Y S G P T C
N R G R C Y P D N S D D G F K C R C V G G Y K G P T C
N G G K C N Y N G K I - - Y T C K C A Y G W R G R H C
N R G K C I W N G K A - - Y R C K C A Y G Y G G R H C
N R G K C T D K G N G - - Y V C K C A R G Y S G R Y C
```

アミノ酸配列．
的なシステイン残基の配置を囲みで示した．

```
R R Y G G Y - - - K G W N N G W K R G R W G R - K Y - Y
* * * * * * G G Y * * * * R * * R * * S * * * R * * N *
```

代表的な配列．
基を示す．Mgfp-3B の配列中の * は Mgfp-3A と同じアミノ酸残基であることを示す．

fp-4 については，面盤に特異的に分布する約 80 kDa の成分であることがわかっているが，配列や構造の詳細についてはまだ明らかにはされていない．

5-4 fp-1 配列の分子進化

M. edulis complex に属する 3 種を形態以外の方法で分類するために，これまでに，アイソザイムによる同定[38]やミトコンドリア DNA による同定[39]などが提案されているが，単独の分析で 3 種を明快に分類できる方法はなかった．筆者らは M. galloprovincialis の fp-1（Mgfp-1）をコードする cDNA を単離し[40]，推定アミノ酸配列を M. edulis の fp-1（Mefp-1）[26, 27] と比較しているうちに，亜種と見なされるほど近縁である両者の配列がはっきり異なることに気づいた．その相違点とは，以下の 2 点である．

（1）M. edulis の fp-1 の繰り返し領域にはデカペプチドモチーフとヘキサペプチドモチーフが混在するのに対し，M. galloprovincialis ではヘキサペプチドモチーフが全く存在しない．

（2）M. edulis の非繰り返し領域の一部の配列（18 アミノ酸残基）が M. galloprovincialis では欠失している．

これらの相違点が種同定の手がかりになるのではないかと考え，種々検討を行った[41]．まず（1）の繰り返し領域について，M. galloprovincialis と M. edulis を比較したものが図 5-5 である．M. galloprovincialis の配列には全くヘキサペプチドがなく（一つだけ 14 アミノ酸の不規則な"テトラデカペプチド"配列がある），繰り返しの数も少ないため全体として繰り返し領域が短くなっている．一方，M. edulis では，M. galloprovincialis よりデカペプチドの繰り返し数が多いことに加えてヘキサペプチドが存在するために，全体として M. galloprovincialis より配列が長くなっている[30]．興味深いことに，M. edulis において報告されている 2 つの配列の間では，繰り返し領域の N・C 両末端付近の配列は一致しているものの，中央部分の配列はヘキサペプチドの配置などかなり異なっており[27]，繰り返し領域の配列は種内でも変異している可能性が高い．個体間の変異を調べるのに，個体ごとに繰り返し配列の配列決定

をするのでは手間がかかり過ぎるので，長さの変異として簡単に表すことができるように，繰り返し領域を増幅する PCR プライマーセット Me13, 14 を作製し（図 5-6），*M. edulis* complex に属する 3 種について鰓から抽出した全 DNA を鋳型として PCR を行い DNA を増幅してみた．その結果，同種の個体間でも繰り返し領域の長さは変異しており，しかも 1 個体で複数のバンドが認められた（図 5-7）[41]．この結果は，繰り返し領域の配列は同種内でも，あるいは 1 個体の半数体ゲノムセット間でさえ，多様に変異していることを示している．

この著しい繰り返し領域の変異は，繰り返し配列をもつタンパク質に一般的に見られるような繰り返しの重複や欠失により行われると推察される．例えば，図 5-8 の上の配列は，典型的なデカペプチドとそれをコードする遺伝子の塩基配列を示している．繰り返し領域においては，ほぼ同じ配列が延々と繰り返されているために，配列が重複したり，欠失したりして繰り返し数が変異することは想像に難くない．加えて，デカペプチドの単位での欠失，重複だけでなく，デカペプチド内での部分的な重複，欠失も考えられる．例えば，デカペプチドの 3〜5 番目のアミノ酸をコードする塩基配列 CCAAGTTAT（A 配列）と，7〜9 番目のアミノ酸をコードする塩基配列 CCAACTTAT（B 配列）はよく似ているため，A と B の間が欠失すると *M. edulis* の配列中に存在するヘキサペプチドが，B 配列とさらにそれより下流の A 配列（A' 配列）の間が欠失すると *M. galloprovincialis* の配列中に存在する 14 アミノ酸の配列が生じる[30,42]．以上のように，重複や欠失により繰り返しパターンを組換えながら（パターンのシャッフリング）多様な変異が生じているものと想像される．

筆者らは *M. edulis* complex には属さないイガイ *M. coruscus* についても，cDNA クローニングを行い fp-1 の構造を調べてみた[43]．その結果，*M. coruscus* の fp-1 すなわち Mcfp-1 は，基本的には *M. galloprovincialis* の fp-1 と類似の構造をもっていたが，デカペプチドモチーフは Pro-Lys-(Ile または Pro)-(Ser または Thr)-Tyr-Pro-Pro-(Thr または Ser)-Tyr-Lys というもので，*M. galloprovincialis* のモチーフよりも *M. californianus* の繰り

Mg	Me1	Me2
AKTNYPPVYK	AKTNYPPVYK	AKTNYPPVYK
PKMTYPPTYK	PKMTYPPTYK	PKMTYPPTYK
PKPSYPPTYK	PKPSYPPTYK	PKPSYPPTYK
PKPSYPATYK	SKPTYK	SKPTYK
SKSSYPSSYK	PKITYPPTYK	PKITYPPTYK
PKKTYPPTYK	AKPSYPSSYK	AKPSYPSSYK
PKLTYPPTYK	PKKTYPPTYK	PKKTYPPTYK
PKPSYPPTYK	PKLTYPPTYK	PKLTYPPTYK
PKPSYPATYK	PKPSYPPTYK	PKPSYPPTYK
SKSSYPPSYK	SKPTYK	PKPSYPPSYK
TKKTYPSSYK	PKITYPPTYK	TKKTYPSSYK
PKKTYPSTYK	AKPSYPPTYK	AKPSYPPTYK
PKVSYPPTYK	AKPSYPPTYK	AKPSYPPTYK
SKKSYPPIYK	PKKTYPPTYK	AKPSYPPTYK
TKASYPSSYK	PKLTYPPTYK	AKPTYK
PKKTYPSTYK	PKPSYPPTYK	AKPTYPSTYK
PKISYPPTYK	PKPSYPPSYK	AKPSYPPTYK
AKPSYPTSYR	TKKTYPPTYK	AKPTYK
AKPSYPSTYK	PKLTYPPTYK	AKPSYPPTYK
AKPSYPPTYK	PKPSYPPTYK	AKPSYPPTYK
AKPSYPPTYK	PKKTYPPTYK	AKPSYPPTYK
AKPTYPSTYK	PPLTYPPTYK	AKPTYK
AKPSYPPTYK	AKPSYPPTYK	AKPTYK
AKPSYPPTYK	AKPSYPPTYK	AKPTYK
AKPSYPPSYK	AKPSYPPTYK	AKPSYPPTYK
PKTTYPPSYK	AKPTYK	AKPSYPPTYK
PKISYPPTYK	AKPTYPSTYK	AKPSYPPTYK
AKPSYPPIYK	AKPTYPPTYK	AKPSYPPTYK
AKPSYPPTYK	AKPSYPPTYK	AKPSYPPTYK
AKPSYLPTYK	AKPSYPPTYK	AKPSYPPTYK
AKPSYPPTYK	AKLTYK	AKPTYK
AKPRYPTTYK	AKPSYPPTYK	AKPTYPSTYK
AKPSYPPTYK	AKPSYPPTYK	AKPSYPPTYK
AKPSYPPTYK	AKPSYPPTYK	AKPSYPPTYK
AKLSYPPTYK	AKPSYPPTYK	AKPTYK
AKPSYPPTYK	AKPSYPPTYK	AKPSYPPTYK
AKPSYPPTYK	VKPTYK	AKPSYPPTYK
AKPSYPPTYK	AKPTYPSTYK	AKPSYPPTYK
TKPSYPRTYK	AKPSYPPTYK	AKPTYK
AKPSYSSTYK	AKPSYPPTYK	AKPTYPSTYK
AKPSYPPTYK	AKPSYPPTYK	AKPSYPPSYK
AKPSYPPTYK	AKPTYPPTYK	AKPSYPPTYK
AKPSYPPTYK	AKPTYK	AKPTYK
AKPSYPPTYK	AKPSYPPTYK	AKPTYPSTYK
(次ページに続く)	(次ページに続く)	(次ページに続く)

```
AKPSYPPTYK      AKPSYPPTYK      AKPSYPASYK
AKPSYPQTYK      AKPSYPPTYK      AKPSYPPTYK
AKSSYPPTYK      AKPTYK          SKSSYPSSYK
AKPSYPPTYK      VKPTYPSTYK      PKKTYPPTYK
AKPSYPPTYK      AKPSYPPTYK      PKLTYKPTYK
AKPSYPPTYK      AKPSYPPTYK      PKPSYPPSYK
AKPSYPPTYK      AKPSYPPTYK      PKTTYPPTYK
AKPSYPPTYK      AKPSYPPTYK      PKISYPPTYK
AKPSYPPTYK      AKPSYPPTYK      AKPSYPATYK
AKPSYPPTYK      AKPTYK          AKPSYPPTYK
AKPSYPPTYK      AKPTYSTYK       AKPSYPPTYK
AKPSYPATYPSTYK  AKPSYPPTYK      AKPSYPPTYK
AKPSYPPTYK      AKPSYPPTYK      AKPSYK
AKPSYPPTYK      AKPTYK          AKPTYPSTYK
PKPSYPPTYK      AKPTYK          AKPSYPPTYK
SKSSYPSSYK      AKPTYPSTYK      AKPSYPPTYK
PKKTYPPTYK      AKPSYPPTYK      AKPSYPPTYK
PKLTYPPIYK      AKPAYK          AKPTYPSTYK
PKPSYPPTYK      AKPTYPSTYK      AKPSYPPTYK
                AKPTYPSTYK      PKISYPPTYK
                AKPSYPPTYK      AKPSYPPTYK
                PKISYPPTYK      AKPSYPPTYK
                AKPSYPSTYK      AKPTYK
                AKSSYPPTYK      AKPTNPSTYK
                AKPTYK          AKPSYPPTYK
                AKPTYPSTYK      AKPSYPPTYK
                AKPTYK          AKPSYPPTYK
                AKPTYPPTYK      AKPTYK
                AKPSYPPTYK      AKPTYPSTYK
                PMPSYPPTYK      AKPTYK
                SKSSYPSSYK      AKPTYPPTYK
                PKKTYPPTYK      AKPSYPPTYK
                PKLTYPPTYK      PKPSYPPTYK
                PKPSYPASYK      SKSIYPSSYK
                PKITYPSTYK      PKKTYPPTYK
                LKPSYPPTYK      PKLTYPPTYK
                SKTSYPPTYN      PKPSYPPSYK
                KKISYPSSYK      PKITYPSTYK
                AKTSYPPAYK      LKPSYPPTYK
                                SKTSYPPTYN
                                KKISYPSSYK
                                AKTSYPPAYK
```

図 5-5 *M. edulis* (Me) と *M. galloprovincialis* (Mg) の fp-1 の繰り返し配列の比較. Me1, 2 は各々別の研究グループから報告された配列である[30].

返しモチーフ[44]に類似しており，これらの種の分類学上の位置関係とよく一致していた．興味深いことに，75回のデカペプチドの繰り返しの中に，デカペプチド2〜13個分を1単位とするユニットが繰り返し現れることが見出された．前に述べたように繰り返し領域はモチーフの重複や欠失により配列がシャッフ

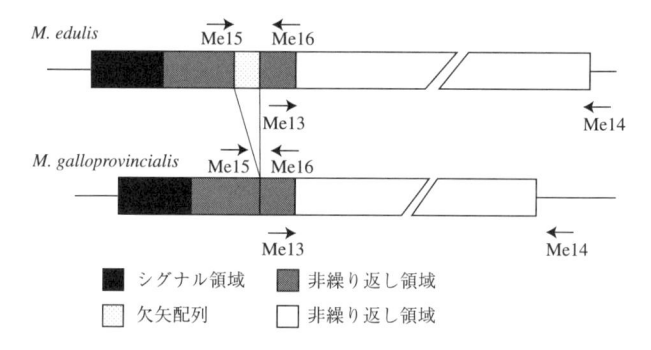

図5-6 ムラサキイガイ3種を同定するためのPCRプライマー[41]．
Me13，Me14は繰り返し領域を増幅する．Me15，Me16は非繰り返し領域の一部を増幅し，増幅断片の長さの違いで3種を同定することができる．

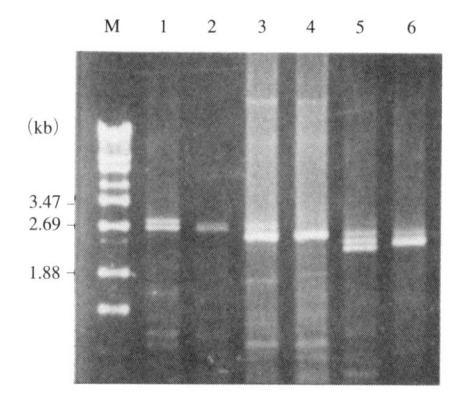

図5-7 PCRによるムラサキイガイ3種のfp-1遺伝子の繰り返し領域の比較[41]．
M, pUC19 / *Eco*T14Iマーカー；1・2, *M. edulis*；3・4, *M. trossulus*；5・6, *M. galloprovincialis*

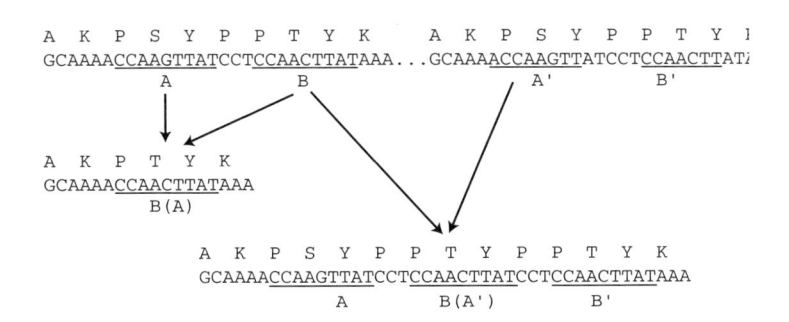

```
    A  K  P  S  Y  P  P  T  Y  K        A  K  P  S  Y  P  P  T  Y  K
    GCAAAACCAAGTTATCCTCCAACTTATAAA...GCAAAACCAAGTTATCCTCCAACTTATA
            A           B                         A'           B'
```

```
    A  K  P    T  Y  K
    GCAAAACCAACTTATAAA
            B(A)
```

```
    A  K  P  S  Y  P  P  T  Y  P  P  T  Y  K
    GCAAAACCAAGTTATCCTCCAACTTATCCTCCAACTTATAAA
            A           B(A')          B'
```

図5-8 繰り返し領域の変異のメカニズムの仮説[30]

ルされて分子が多様化していると考えてきたが，重複はデカペプチド13個（DNAでは390塩基対）というかなり長い単位でも起こっているようである．

また，*M. coruscus* の配列と *M. galloprovincialis* の配列を比較すると，cDNA の両端の非翻訳領域やタンパク質の機能に直接関係のないシグナルペプチドをコードする領域がむしろ相同性が高く，タンパク質として機能する部分が重複や欠失などを含んでいてむしろ相同性が低いという，常識とは逆の結果となった．すなわち，fp-1 の繰り返し領域は一般的な塩基置換による分子進化に加えて，繰り返しパターンのシャッフリングにより多様性を積極的に作り出しているような印象さえ受ける．この多様性はムラサキイガイ類の生存戦略に何らかの意味をもっているのかも知れない．

この繰り返し配列の多様性は興味深い現象ではあるが，種同定指標としてはこの領域は変異が活発すぎて不向きであると考えられる．

5-5 fp-1 配列の種特異性

次に筆者らは，上記（2）の非繰り返し領域の欠失部分に注目し，欠失の有無で両種を区別できるのではないかと考え，当該部分を含む配列を増幅させるプライマー Me15, Me16 を設計した[41]（図5-6）．このプライマーセットを用いて鰓から抽出した全 DNA を鋳型として PCR を行うと，欠失のない *M. edulis* の配列は 180 bp の断片として，欠失のある *M. galloprovincialis* の配

列は 126 bp の断片として各々増幅されるので，簡単な電気泳動により，配列の長さの違いが検出できるはずである．このシステムを用いて実際に世界各地の *M. edulis*, *M. galloprovincialis* の増幅を行ったところ，当該配列の欠失の有無と，種の分類が一致し，両種の同定にこの PCR のシステムが有力であることが示された．さらに，アラスカの *M. trossulus* について同様の増幅を試みたところ，増幅断片の長さは 168 bp となり，*M. trossulus* を含めて 3 種の同定がこのシステムにより一度に行えることが示された[41]（図 5-9）．今後より多くのサンプルに適用して例外の有無を確認する必要があるが，この方法は増幅断片の長さを比較するだけなので結果の解釈がシンプルであり，今後様々な研究に有効活用できるものと期待している．PCR を用いる分析なので，サンプル量が少なくてすみ，試料の保存条件もそれほど厳密である必要がないため，形態だけでは区別が不可能な幼生の同定や，研究施設から遠く離れたフィールドでの生態調査などにも有効な手段となることが期待される．なお，fp-1 の配列を指標とする同様の試みは Rawson ら[45]によっても報告されている．

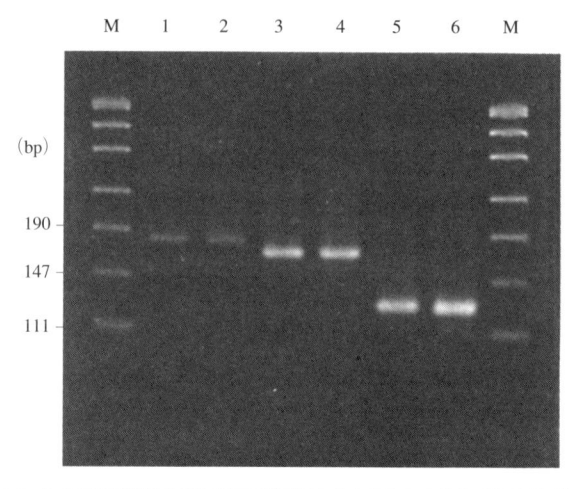

図5-9 fp-1 遺伝子非繰り返し領域の増幅によるムラサキイガイ 3 種の同定[41]．M, pUC19/HapIIマーカー；1・2, *M. edulis*；3・4, *M. trossulus*；5・6, *M. galloprovincialis*

5-6　日本のムラサキイガイ

　現在では日本各地の海岸でムラサキイガイ類が観察されるが，意外なことに，本州以南のムラサキイガイは1920年代以降に日本に侵入した外来種であると考えられている[1, 2, 4, 46]．その根拠は，1920年代以前にはムラサキイガイの分布は北海道に限られており，本州以南でのムラサキイガイの分布の報告がないことである．桒原[2]は過去のムラサキイガイの標本や，現在の北海道周辺のムラサキイガイを主として形態から調査し，北海道に以前から分布していたものは *M. trossulus*，明治以降に本州に広がったものは *M. galloprovincialis* であると結論している．また，Wilkinsら[47]も，岩手県三陸町沿岸のムラサキイガイをアイソザイム分類と形態分類により *M. galloprovincialis* であるとしている．

　筆者らは，前述のPCRによる同定法を用いて，日本各地のムラサキイガイの分析を行った[48]．その結果（図5-10）は，日本のムラサキイガイが殆ど *M. galloprovincialis* であることを示しており，上記の説と一致した．ただし，函館近郊の日浦の岩礁から採集した多くの個体と，函館港で採集した1個体が，*M. galloprovincialis* 型の断片と *M. trossulus* 型の2つの配列を併せもつことがわかった．これらの個体は両種の種間雑種であると考えられるが，日浦においては2つの配列をもつ個体の方がむしろ純粋な *M. galloprovincialis* 型の個体より数が多く，しかも純粋な *M. trossulus* 型は数回の調査の間1個体も得られていない．したがって，2つの配列をもつ個体が単純な種間雑種ではない可能性もある．この現象に関しては，交配実験などによる確認が必要であるが，いずれにせよ，*M. galloprovincialis* は日本への侵入の後，急速に分布域を広げ，本州からさらに北上して北海道の *M. trossulus* を一部遺伝子の交流をもちながら追いやりつつあるのではないかと推察される．本州については最近Matsumasaら[49]が，陸奥湾のムラサキイガイ類についてPCRと形態分類を併用して調査を行い，やはり調べた全てのサンプルが *M. galloprovincialis* であったことを報告している．今後は北海道以北の各地のサンプルを調べてい

くと両種の分布に関するより詳細な情報が得られると思われる．

図 5-10　日本各地のムラサキイガイの PCR による種同定 [48]
●，*M. galloprovincialis* 型個体のみが存在した地点；○，*M. galloprovincialis* 型配列と *M. trossulus* 型配列を合わせもつ個体と，*M. galloprovincialis* 型個体が共存していた地点

文　献

1) 粟原康裕：北海道におけるキタムラサキイガイとムラサキイガイ．黒装束の侵入者－外来付着二枚貝の最新学，恒星社厚生閣，2001, p7-26.
2) 粟原康裕：ムラサキイガイの正体，北水誌だより，21, 14-18（1993）．
3) E. M. Gosling : Systematics and geographic distribution of *Mytilus*, in "The Mussel Mytilus : Ecology, Physiology, Genetics and Culture"（ed. by E. M. Gosling）Elsevier, 1992, pp.1-20.
4) 西川輝昭：ムラサキイガイかチレニアイガイか－動物和名選定のケーススタディ．*Sessile Organisms*, 13, 1-6（1997）．
5) R. Seed : Systematics evolution and distribution of mussels belonging to the genus *Mytilus* :

an overview. *Am. Malac. Bull.*, 9, 123-137 (1992).
6) E. M. Gosling : The systematic status of *Mytilus galloprovincialis* in western Europe : a review. *Malacologia*, 25, 551 (1984).
7) J. P. A. Gardner : *Mytilus galloprovincialis* (Lmk.) (Bivalvia, Mollusca) : The taxonomic status of the Mediterranean mussel. *Ophelia*, 35, 219-243 (1992).
8) 紺屋一美：海洋生物の付着防止技術, *Petrotech*, 17, 68-73 (1994).
9) J. H. Waite : The formation of mussel byssus : anatomy of a natural manufacturing process, in "Results and problems in cell differentiation, Vol. 19, Biopolymers" (ed. by S. T. Case), Springer-Verlag Berlin Heidelberg, 1992, pp.27-54.
10) 井上広滋：貝がつくる水中接着剤, おもしろいバイオ新素材（松永　是編）, 日刊工業新聞社, 1995, pp.249-262.
11) N. Dohmoto, K. Venkateswaran, T. Nose, H. Tanaka, W. Miki and S. Miyachi : Marine mussel-thread-degrading bacteria and partial purification of proteinases responsible for degradation. *J. Mar. Biotech.*, 1, 83-87 (1993).
12) X. Qin, K. J. Coyne and J. H. Waite : Tough tendons : mussel byssus has collagen with silk-like domains. *J. Biol. Chem.*, 272, 32623-32627 (1997).
13) K. J. Coyne, X. Qin and J. H. Waite : Extensible collagen in mussel byssus : a natural block copolymer. *Science*, 277, 1830-1832 (1997).
14) X. Qin and J. H. Waite : A potential mediator of collagenaous block copolymer gradients in mussel byssal threads. *Proc. Natl. Acad. Sci. U.S.A.*, 95, 10517-10522 (1998).
15) J. H. Waite, X. Qin and K. J. Coyne : The peculiar collagens of mussel byssus. *Matrix Biol.*, 17, 93-106 (1998).
16) X. Qin, and J. H. Waite : Exotic collagen gradients in the byssus of the mussel *Mytilus edulis*. *J. Exp. Biol.*, 198, 633-644 (1995).
17) V. V. Papov, T. V. Diamond, K. Biemann and J. H. Waite : Hydroxyarginine-containing polyphenolic proteins in the adhesive plaques of the marine mussel *Mytilus edulis*. *J. Biol. Chem.*, 270, 20183-20192 (1995).
18) J. H. Waite : Catecol oxidase in the byssus of the common mussel, *Mytilus edulis* L. *J. Mar. Biol. Ass. U.K.*, 65, 359-371 (1985).
19) D. C. Hansen, S. G. Corcoran and J. H. Waite : Enzymic tempering of a mussel adhesive protein film. *Langmuir*, 14, 1139-1147 (1998).
20) M. Yu, J. Hwang and T. J. Deming: Role of L-3, 4-dihydroxyphenylalanine in mussel adhesive proteins. *J. Am. Chem. Soc.*, 121, 5825-5826 (1999).
21) L. M. McDowell, L. A. Burzio, J. H. Waite and J. Schaefer : Rotational echo double resounance detection of cross-links formed in mussel byssus under high-flow stress. *J. Biol. Chem.*, 274, 20293-20295 (1999).
22) J. H. Waite and M. L. Tanzer : Polyphenolic substance of *Mytilus edulis* : novel adhesive containing L-Dopa and hydroxyproline. *Science*, 212, 1038-1040 (1981).
23) J. H. Waite : Evidence for a repeating 3, 4-dihydroxyphenylalanine-and hydroxyproline-

containing decapeptide in adhesive protein of the mussel *Mytilus edulis* L. *J. Biol. Chem.*, **258**, 2911-2915 (1983).
24) J. H. Waite, T. J. Housley and M. L. Tanzer : Peptide repeats in a mussel glue protein : theme and variations. *Biochemistry*, **24**, 5010-5014 (1985).
25) S. W. Taylor, J. H. Waite, M. M. Ross, J. Shabanowitz and D. F. Hunt : *Trans*-2, 3-*cis*-3, 4-Dihydroxyproline, a new naturally occurring amino acids, is the sixth residue in the tandemly repeated consensus decapeptides of an adhesive protein from *Mytilus edulis*. *J. Am. Chem. Soc.*, **116**, 10803-10804 (1994).
26) D. R. Filpula, S. Lee, R. P. Link, S. L. Strausberg and R. L. Strausberg : Structural and functional repetition in a marine mussel adhesive protein. *Biotechnol. Prog.*, **6**, 171-177 (1990).
27) R. A. Laursen, R. A. : Reflections on the structure of mussel adhesive proteins, in "Results and problems in cell differentiation, Vol. 19, Biopolymers" (ed. by S. T. Case), Springer-Verlag Berlin Heidelberg, 1992, pp. 55-74.
28) L. M. Rzepecki, K. M. Hansen and J. H. Waite : Characterization of a cystine-rich polyphenolic protein family from the blue mussel *Mytilus edulis* L. *Biol. Bull.*, **183**, 123-137 (1992).
29) K. Inoue, Y. Takeuchi, D. Miki and S. Odo : Mussel adhesive plaque protein gene is a novel member of epidermal growth factor-like gene family. *J. Biol. Chem.*, **270**, 6698-6701 (1995).
30) K. Inoue, Y. Takeuchi, D. Miki and S. Odo : Mussel foot protein genes: structure and variations. *J. Mar. Biotech.*, **3**, 157-160 (1995).
31) J. Massague : Transforming growth factor-alpha. A model for membrane-anchored growth factors. *J. Biol. Chem.*, **265**, 21393-21396 (1990).
32) Y. Takeuchi, K. Inoue, D. Miki, S. Odo and S. Harayama : Expression of two major byssal protein genes during larval development of the mussel *Mytilus galloprovincialis*. *Fisheries Sci.*, **63**, 648-649 (1997).
33) D. Miki, Y. Takeuchi, K. Inoue and S. Odo : Expression sites of two byssal protein genes of *Mytilus galloprovincialis*. *Biol. Bull.*, **190**, 213-217 (1996).
34) K. Inoue, K. Kamino, F. Sasaki, S. Odo and S. Harayama : Conservative structure of the plaque matrix protein of mussels in the genus *Mytilus*. *Mar. Biotech.*, **2**, 348-351 (2000).
35) T. Williams, K. Marumo, J. H. Waite and R. W. Henkens : Mussel glue protein has an open conformation. *Arch. Biochem. Biophys.*, **269**, 415-422 (1989).
36) S. C. Warner and J. H. Waite : Expression of multiple form of an adhesive plaque protein in an individual mussel, *Mytilus edulis*. *Mar. Biol.*, **134**, 729-734 (1999).
37) K. Inoue, Y. Takeuchi, D. Miki, S. Odo, S. Harayama and J. H. Waite: Cloning, sequencing and sites of expression of genes for the hydroxyarginine-containing adhesive-plaque protein of the mussel *Mytilus galloprovincialis*. *Eur. J. Biochem.*, **239**, 172-176 (1996).
38) J. H. McDonald, R. Seed and R. K. Koehn : Allozymes and morphometric characters of three species of *Mytilus* in the Northern and Southern Hemispheres. *Mar. Biol.*, **111**, 323-333 (1991).

39) 渡部終五：ミトコンドリア DNA 塩基配列に基づくムラサキイガイ類の系統解析．黒装束の侵入者―外来付着二枚貝の最新学（日本付着生物学会編），恒星社厚生閣，2001，107-119.
40) K. Inoue and S. Odo : The adhesive protein cDNA of *Mytilus galloprovincialis* encodes decapeptide repeats but no hexapeptide motif. *Biol. Bull.* **186**, 349-355（1994）.
41) K. Inoue, J. H. Waite, M. Matsuoka, S. Odo and S. Harayama: Interspecific variations in adhesive protein sequences of *Mytilus edulis, M. galloprovincialis* and *M. trossulus. Biol. Bull.*, **189**, 370-375（1995）.
42) 井上広滋：ムラサキイガイの接着物質―遺伝子とその発現．化学と生物，**33**，660-667（1995）.
43) K. Inoue, Y. Takeuchi, S. Takeyama, E. Yamaha, F. Yamazaki, S. Odo and S. Harayama : Adhesive protein cDNA sequence of the mussel *Mytilus coruscus* and its evolutionary inplications. *J. Mol. Evol.*, **43**, 348-356（1996）.
44) J. H. Waite : Mussel glue from *Mytilus californianus* Conrad : A comparative study. *J. Comp. Physiol. B*, **156**, 491-496（1986）.
45) P. D. Rawson, K. L. Joyner, K. Meetze and T. J. Hilbish and : Evidence for intragenic recombination within a novel genetic marker that distinguishes mussels in the *Mytilus edulis* species complex. *Heredity*, 77, 599-607（1996）.
46) 梶原　武：ムラサキイガイ―浅海域における侵略者の雄，日本の海洋生物―侵略と攪乱の生態学（沖山宗雄・鈴木克美編），東海大学出版会，1985，pp.49-54.
47) N. P. Wilkins, K. Fujino and E. M. Gosling : The Mediterranean mussel *Mytilus galloprovincialis* Lmk. in Japan. *Biol. J. Linn. Soc.*, **20**, 365-374（1983）.
48) K. Inoue, S. Odo, S. Nakao, S. Takeyama, E. Yamaha, F. Yamazaki and S. Harayama : A possible hybrid zone in the *Mytilus edulis* complex in Japan revealed by PCR markers. *Mar. Biol.*, **128**, 91-95（1997）.
49) M. Matsumasa, M. Hamaguchi and M. Nishihira : Morphometric characteristics and length of the 'variable region' in the nonrepetitive domain of adhesive protein of *Mytilus* species in the Asamushi area, Northern Japan. *Zool. Sci.*, **16**, 985-991（1999）.

6.
ミトコンドリアDNA塩基配列に基づくムラサキイガイ類の系統解析

渡 部 終 五

　磯や防波堤などの潮間帯に生息する二枚貝ムラサキイガイ類は，世界各地で養殖されている重要な水産物であるが，その前足牽引筋は，二枚貝閉殻筋に特有の低エネルギーでの長時間の収縮運動，すなわちキャッチ運動のモデル細胞として従来から筋運動の研究によく用いられてきた．一方，ムラサキイガイ類は，船舶や発電所の取排水関連施設などに大量に付着してその機能を損う付着汚染生物ともなっている．

　このようなムラサキイガイ類は，形態およびアロザイム分析により，アメリカ東海岸やヨーロッパ北部に生息する *Mytilus edulis*（従来名：ヨーロッパイガイ，現在はムラサキイガイ），地中海，アメリカ西海岸，アジア温帯域に生息する *M. galloprovincialis*（同：チレニアイガイ），および北太平洋に主に生息する *M. trossulus*（キタノムラサキイガイ）の3種に分類されている[1〜3]（図6-1）．この分類法にしたがうと，わが国では北海道に在来種の *M. trossulus*，および本州に帰化種の *M. galloprovincialis* の2種が分布することになる．しかしながら，形態が酷似しているムラサキイガイ類3種をその形態から区別することには難点が多く，アロザイム，生理，生態的な特徴も分類の指標に併用されているが，その研究成果は必ずしも十分とはいえない．したがって，わが国におけるムラサキイガイ類の分布状態，移入過程，生息範囲の変遷などには未だ不明な点が多く残されている．

　ところで，近年，ミトコンドリア（mt）DNAおよび核遺伝子の多様性を指標とする，分子生物学的な分類法が多くの生物種で有力な手段として用いられてきている．そこで本章では，わが国のムラサキイガイ類を，このような分子

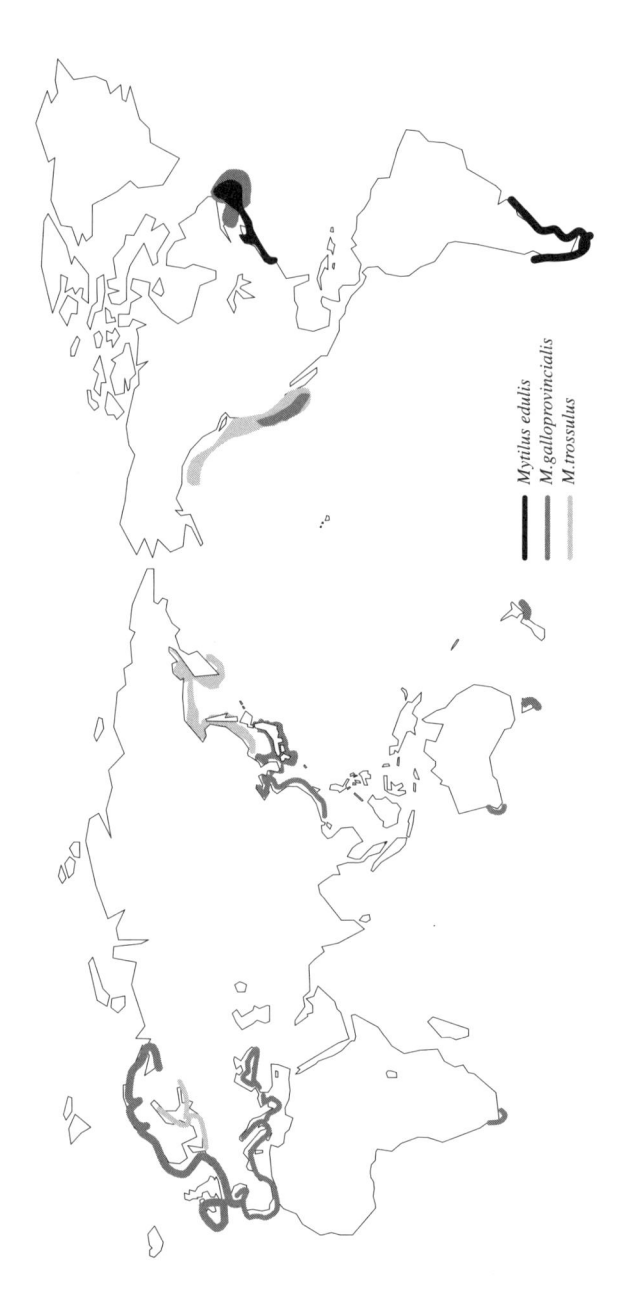

図 6-1 世界における *Mytilus* spp. の分布[1].

Mytilus edulis
M.galloprovincialis
M.trossulus

生物学的手法を用いて解析した結果[4]を紹介する.

6-1 ミトコンドリア16S rRNA コード領域の塩基配列の比較

前述のように近年,生物集団の遺伝解析には,DNA 塩基配列にみれれる多様性を利用する方法がとられるようになってきた.そのために種内や近縁種間で系統を論じることのできるような変異をもつDNA が必要とされる.mtDNA は体内に多量に存在すること,塩基の置換速度が核遺伝子の DNA に比べて速いなどの理由で,上述した目的の研究において優れた指標となっている.

そこで,イギリスで採取した M. edulis,アメリカで採取した M. galloprovincialis を対照としつつ,長崎県の佐世保,神奈川県の川崎,千葉県の大原,御宿,北海道の苫小牧,知内で採取した22個体の Mytilus spp. につき,牽引筋または足部の筋から全 DNA を抽出し,PCR で mtDNA 遺伝子の 16S rRNA コード領域を増幅した.さらにその塩基配列を決定し,384 bp の範囲で比較した(図6-2).

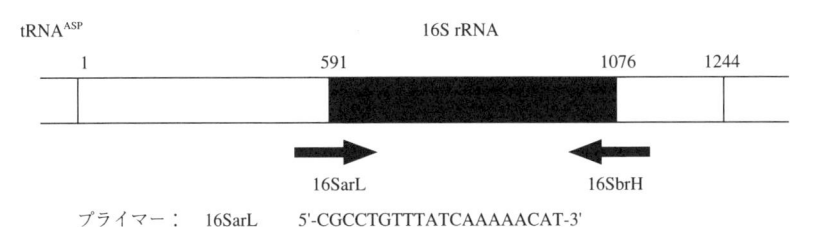

```
tRNA^ASP                    16S rRNA
         1    591                  1076    1244
                 ■■■■■■■■■■■■■■■■■
                   →              ←
                 16SarL          16SbrH

プライマー:  16SarL   5'-CGCCTGTTTATCAAAAACAT-3'
           16SbrH   5'-CCGGTCTGAACTCAGATCACGT-3'
```

図6-2 PCR および塩基配列を分析した領域(■)と,プライマー 16SarL および 16SbrH の配列,位置.

まず,イギリス産 M. edulis およびアメリカ産 M. galloprovincialis の塩基配列をそれぞれ図6-3 および図6-4 に示す.イギリス産 M. edulis では1塩基の変異をもつ2つの遺伝子型 Ed1 および Ed2 が,分析した4個体中,それぞれ2個体ずつに認められた(表6-1).一方,アメリカ産 M. galloprovincialis では5塩基の変異をもつ2つの遺伝子型 Ga1 および Ga2 が,6供試個体中それぞれ4および2個体に認められた.なお,イギリス産 M. edulis とアメリカ産 M.

galloprovincialis の遺伝子型には共通するものは存在しなかった（表6-1）.
次に，日本産 *Mytilus* spp. の塩基配列（図 6-5）は，表 6-1 に示すように，1〜4 型の 4 つの遺伝子型が認められ，その出現頻度は分析した全 22 供試個体

```
  1    CTGTTGTAAA    CGGCGGCGTT    AACGTGAGCG
 51    TTGCTTTTCA    ATTGAAGGAT    GGTATGAAAG
101    TGTCTAAAAA    TTCAATTTAA    ACTAACTTTA
151    AAAAGAAGGA    CGACAAGACC    CTATGAAGCT
201    AGGCTCTTAT    ACGATTTGA     TGGGAGATCA
251    ATCATATTAA    TCTTACTAGT    ATTTCCTAAC
301    CTCTAGGGAT    AACAGCGCAA    TTTCTCCCGA
351    GATTGCGACC    TCGATGTTGG    CTTTAGATAT
```

図 6-3　イギリス産 *Mytilus edulis* の mtDNA 16S rRNA 遺伝

```
  1    [C]TGTTGTAAA   CGGCGGCGTT    AACGTGAGCG
 51    TTGCTTTTCA    ATTGAAGGAT    GGTATGAAAG
101    TGTCTAAAAA    TTCAATTTAA    ACTAACTTTA
151    AAAAGAAGGA    CGACAAGACC    CTATGAAGCT
201    AGGCTCTTAT    ACGATTTGA     TGGGAGATCA
251    AT[C]ATATTAA   TCTTACTAGT    ATTTCCTAAC
301    CTCTAGGGAT    AACAGCGCAA    TTTCTCCCGA
351    GATTGCGACC    TCGATGTTGG    CTTTAGATA[T]
```

図 6-4　アメリカ産 *Mytilus galloprovincialis* の mtDNA 16S rRNA

```
  1    [C]TGTTGTAAA   CGGCGGCGTT    AACGTGAGCG
 51    TTGC[T]TTTCA   ATTGAAGGAT    GGTATGAAAG
101    TGTCT[A]AAAA   TT[C]AATTTAA  ACTAACTT[T]A
151    AAAAGAAGGA    CGACAAGACC    CTATGAAGCT
201    [A]GGCTCTTAT   ACGATTTGA     TGGGAGATCA
251    AT[C]ATAT[T]AA TCT[T]ACT[A]GT ATTTCCTAAC
301    CTCTAGGGAT    AACAGCGCAA    TTTCTCCCGA
351    GATTGCGACC    TCGATGTTGG    CTTTAGATA[T]
```

図 6-5　日本産 *Mytilus* spp. の mtDNA 16S rRNA 遺伝子

中，それぞれ 15，5，1，および 1 個体であった．日本産 *Mytilus* spp. で検出された遺伝子型のうち 1 型は Ga1，2 型は Ga2 と一致し，3 型は Ga2 と 1 塩基のみの置換で，いずれも *M. galloprovincialis* と判断された（表 6-1）．4 型は他の 3 つの型の遺伝子とは 14 塩基以上の置換および 1 塩基の欠失を示し

```
TCCTAAGGTA    GCGCGATAAT    50
GGTTAACGAA    GAAGGTGCTG    100
AGGTGAAGAG    GCCTTTATGT    150
TTATCTTAAT    TGGAGCTCTC    200
GTAGAAA[T]AA  GTCTTCTACT    250
TTTATATGTG    TGGCTAGCTA    300
AAGATGGTAT    TGGAGGGGAA    350
CCTA                        400
```

子領域の塩基配列．□はイギリス産試料間にみられた変異部位．

```
TCCTAAGGTA    GCGCGATAAT    50
GGTTAACGAA    GAAGGTGCTG    100
AGGTGAAGAG    GCCTTTATGT    150
TTATCTTAAT    TGGAGCTCTC    200
GTAGAAATAA    GTC[T]TCTACT  250
TTTATATGTG    TG[G]CTAGCTA  300
AAGATGGTAT    TGGAGGGGAA    350
CCTA                        400
```

遺伝子領域の塩基配列．□はアメリカ産試料間にみられた変異部位．

```
TCCTAAGGTA    GCGCGATAAT    50
GGTTAACGAA    GAAGGTGCTG    100
AGGTGAAGAG    GCCTTTATGT    150
TTATCTTAAT    TGGAG[C]TCT[C] 200
GT[AG]AAATAA  GTC[T]T[CT]ACT 250
TTTATATGTG    TG[G]CTAGCTA  300
AAGATGGTAT    TGGAGGGGAA    350
CCTA                        400
```

領域の塩基配列．□は日本産試料間にみられた変異部位．

たが，これは既報の M. trossulus の配列[5]と一致した．そこで，3 型は Ga2 の変異体 Ga2'，4 型を Tr とした．なお，Ed1, Ed2, および Ga1 の間では，互いに1～2塩基の置換しか認めれず，16S rRNA 遺伝子の塩基配列からの種同定には，かなりの分析精度が必要と考えられた．また，遺伝子型と，殻長，殻幅，および殻高の3つの形態的特徴の間には相関性はみられなかった．

表6-1 日本産 Mytilus spp.，イギリス産 M. edulis，およびアメリカ産 M. galloprovincialis の 16S rRNA 遺伝子の比較

ハプロタイプ	座位																			個体数
	1	55	106	113	129	196	198	200	201	233	234	238	244	246	247	253	258	264	268	293	380	
Ed1	C	T	A	C	T	C	C	A	A	G	G	T	C	T	C	T	T	A	G	T	2
Ed2	C	T	A	C	T	C	C	A	A	G	T	T	C	T	C	T	T	A	G	T	2
Ga1	C	T	A	C	T	C	T	C	A	A	G	T	T	C	T	C	T	T	A	G	T	4
日本1型	C	T	A	C	T	C	T	C	A	A	G	T	T	C	T	C	T	T	A	G	T	15
Ga2	T	T	A	C	T	C	T	C	A	A	G	T	C	C	T	T	T	T	A	A	C	2
日本2型	T	T	A	C	T	C	T	C	A	A	G	T	C	C	T	T	T	T	A	A	C	5
日本3型	T	T	A	C	A	C	T	C	A	A	G	T	C	C	T	T	T	T	A	A	C	1
日本4型	T	C	G	T	T	-	T	T	T	G	A	T	T	T	C	T	A	A	C	G	T	1

6-2 RFLP 分析によるハプロタイプの決定とわが国における分布

RFLP（制限酵素断片長多型）法は，特定の領域の DNA を，高い特異性を示す制限酵素で切断した後，その切断片を電気泳動により分離し，泳動パターンを比較して DNA 多型を検出する方法である．RFLP 法は，信頼性では塩基配列の直接的な比較より劣るが，安価ですむほか，優れた再現性や簡便性を併せもつ．

そこで，日本産 Mytilus spp. の 16S rRNA コード領域にみられた4つの遺伝子型を対象に，Ga1 を A，Ga2 および Ga2' を B，Tr を C のハプロタイプとして，次の解析を行った．

（1）プライマー 16SarL, 16SbrH を用いて PCR で増幅した DNA 断片 16S rRNA 領域の約 530 bp を制限酵素 SpeI と EcoRV を用いて処理し，電気泳動

に供してそのパターンからハプロタイプを決定する．

(2) 在来種 *M. trossulus* 由来のハプロタイプ C を検出し，わが国における分布を明らかにする．

(3) 帰化種 *M. galloprovincialis* 由来のハプロタイプ A，B を検出し，その分布と出現頻度を調べ本種の由来を推定する．

長崎県の佐世保，千葉県の大原，御宿，北海道の苫小牧，知内，釧路で採取したムラサキイガイ類をそれぞれ 5～10 個体を試料とした．なおハプロタイプ A，B，C の制限酵素サイトは図 6-6 のとおりである．

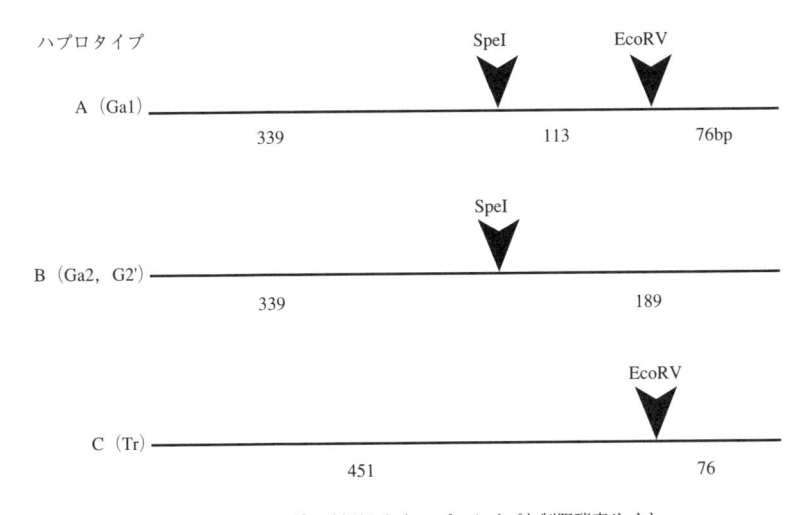

ハプロタイプ

A（Ga1）　　　　　　　　　SpeI▼　　　EcoRV▼
　　　　339　　　　　　　　113　　　　　　76bp

B（Ga2, G2'）　　　　　　　SpeI▼
　　　　339　　　　　　　　　　　　189

C（Tr）　　　　　　　　　　　　　　　　EcoRV▼
　　　　　　451　　　　　　　　　76

図 6-6　RFLP 法で判別されたハプロタイプと制限酵素サイト．

まず，分析に供した全個体は，いずれもハプロタイプ A，B，および C に分類され，新たなハプロタイプは検出されなかった．次に，前節で遺伝子型を決定した個体を加えて，北海道，関東，長崎の地域ごとのハプロタイプの出現頻度を算出した（図 6-7）．その結果，ハプロタイプ C は北海道の試料にのみ検出され，関東と長崎では 1 個体も出現しなかった．一方，ハプロタイプ A および B はいずれの地域でも検出されたが，関東と長崎での間で大きな差はみられなかった．なお，北海道の 3 地点での分布をさらに詳細にみると，西南部の

知内では関東や長崎と同様に *M. galloprovincialis* が分布するのみであった（図6-8）．一方，採取地が東部に移るにしたがって *M. trossulus* の存在割合が高くなり，釧路沿岸では全ての個体が *M. trossulus* と判定された．

本州には以前，ムラサキイガイ類は存在しなかったとされることから，在来種の *M. trossulus* が本州に分布し得ない要因は生理的なものと考えられる．一方，帰化種の *M. galloprovincialis* は本州で急速に分布域を拡大したが，北海道東部に分布域を拡大しなかった．北海道西南を境に在来種 *M. trossulus* と帰化種 *M. galloprovincialis* の分布を分ける環境要因があることが推察される．

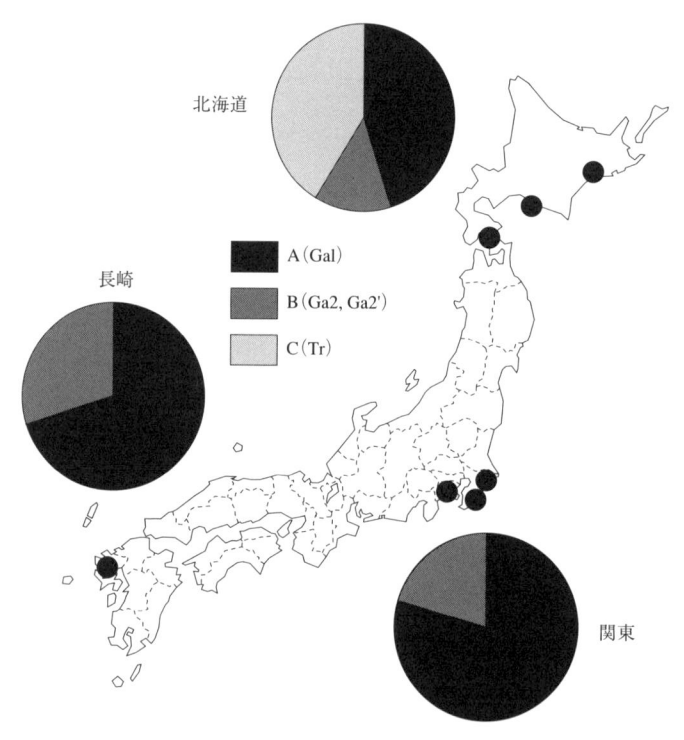

図6-7　わが国の3地域におけるムラサキイガイ類のmtDNA 16S rRNA遺伝子領域ハプロタイプの出現頻度．●は採取地を表す．

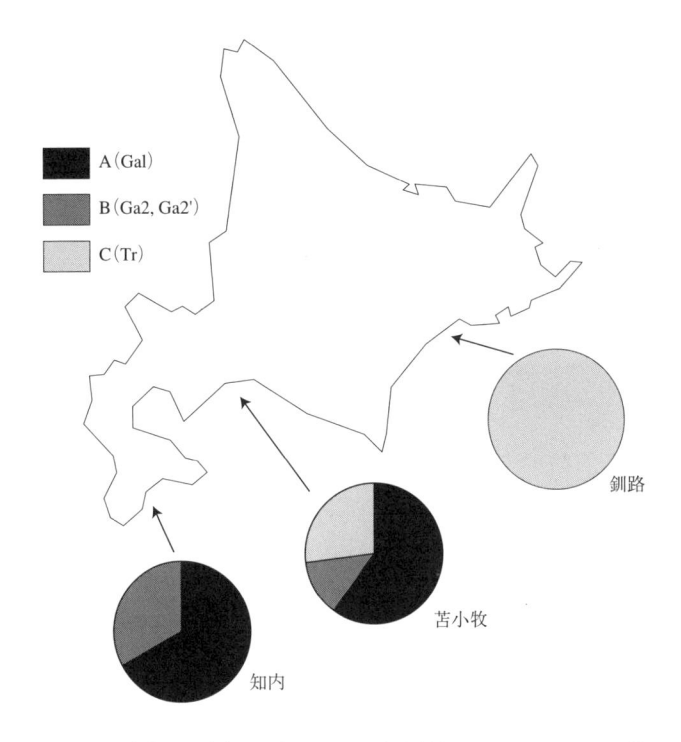

図6-8 北海道の3地点におけるムラサキイガイ類のmtDNA 16S rRNA遺伝子ハプロタイプの出現頻度.

6-3 核遺伝子の分析と雑種形成の解析

　mtDNA塩基配列の多様性は，生物種の系統関係を調べる指標として有効で，多くの研究に用いられている．ムラサキイガイ類でも近縁種間で雑種を形成することが報告されている．前述のようにEd1, Ed2, およびGa1の間では，互いに1〜2塩基の置換しか認めれないが，ムラサキイガイ類で雑種形成と何らかの関係があることも考えられる．

　ところで，雑種が形成される場合には両親の核遺伝子は次世代に伝わるが，mtDNAは一般的には母親由来のものを受け継ぐ．そのため，雑種形成する種

間においては mtDNA は必ずしも両親の遺伝的性質を反映するものではない．ここまでは mtDNA 分析による解析を述べてきたが，前述の本分析法の性質を理解しておく必要がある．

一方，核遺伝子の分析からもムラサキイガイ類の多様性を解析できる．一つは，28S rRNA および 18S rRNA 遺伝子の間に存在する internal transcribed spacer 領域（ITS）遺伝子を解析する方法である[6~8]．この方法を用いて，ム

表6-2 日本産 *Mytilus* spp. の mtDNA のハプロタイプおよび足糸タンパク質のゲノタイプ

採取地	No	mtDNA	足糸	採取地	No	mtDNA	足糸
佐世保	1	Ga1	G/G	苫小牧	1	Ga1	G/G
	2	Ga1	G/G		3	Ga1	G/G
	3	Ga2	G/G		5	Ga1	G/G
	4	Ga1	G/G		6	Ga1	G/G
	6	Ga2	G/G		7	Ga2	G/G
	7	Ga1	G/G		8	Tr	T/T
	8	Ga1	G/G		9	Ga1	G/G
	9	Ga1	G/G		10	Ga1	G/G
	10	Ga1	G/G		11	Ga2	G/G
大原	1	Ga2	G/G		14	Tr	G/T
	2	Ga1	G/G		15	Ga1	G/G
	3	Ga1	G/G		16	Tr	G/T
	5	Ga1	G/G		17	Tr	G/T
	7	Ga2	G/G	釧路	3	Tr	T/T
	10	Ga1	G/G		4	Tr	T/T
御宿	6	Ga1	G/G		6	Tr	T/T
	7	Ga1	G/G		7	Tr	T/T
	8	Ga1	G/G		9	Tr	T/T
	9	Ga1	G/G				
	10	Ga1	G/G				
知内	2	Ga1	G/G				
	3	Ga2	G/G				
	5	Ga1	G/G				
	6	Ga1	G/G				
	7	Ga1	G/G				
	8	Ga2	G/G				
	9	Ga1	G/G				

Ga（G）および Tr（T）はそれぞれ *M. gallaprovincialis* および *M. trossulus* を表す．

ラサキイガイ類の雑種形成がアメリカ，カナダで詳細に調べられている[5~9]．もう一つは，足糸タンパク質をコードする核遺伝子の解析方法である．Inoueら[10, 11]は，自ら開発した足糸タンパク質の遺伝的解析から，北海道の西南において在来種 *M. trossulus* と帰化種 *M. galloprovincialis* の雑種が存在することを示した．このように雑種が存在し，さらにその雑種個体が子孫を作る場合には，両親とは異なるハプロタイプをもつ個体が存在すると予想される．

そこで，各地域の試料につき，足糸タンパク質をコードする遺伝子を分析したところ，表6-2に示す結果が得られた．*M. trossulus* と *M. galloprovincialis* が混在する苫小牧産の試料では，mtDNA で Tr 遺伝子型をもつ4個体中，3個

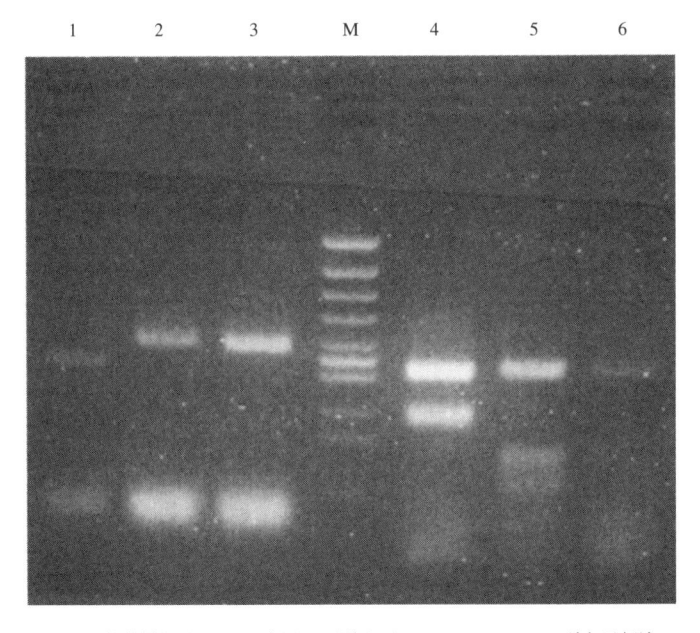

図6-9 雌雄特異的プライマーを用いて増幅した mtDNA 16S rRNA 遺伝子領域の RFLP パターン．1，日本産 *Mytilus galloprovincialis* の雄ハプロタイプ；2，イギリス産 *M.edulis* の雄ハプロタイプ（No.1）；3，イギリス産 *M. edulis* の雄ハプロタイプ（No.2）；M，マーカー；4，日本産 *M. galloprovincialis* の雄ハプロタイプ；5，イギリス産 *M. edulis* の雌ハプロタイプ（No.1）；6，イギリス産 *M. edulis* の雌ハプロタイプ（No.2）．

体が雑種の可能性を示した．なお，ITS 遺伝子の解析においても同様の結果が得られた．

　脊椎動物の mtDNA は先述のように母系遺伝するが，無脊椎動物では父系遺伝の場合も報告されている．事実，ムラサキイガイ類においても，このような事象が報告されている[8]．図 6-9 に，本州産 *M. galloprovincialis* およびイギリス産 *M. edulis* を対象に，生殖腺が存在する外套膜端から得た全 DNA を鋳型に，雌雄特異的なプライマー[7, 8]を用いて mtDNA 16S rRNA 遺伝子を PCR で増幅し，*Hae*III, *Spe*I, および *Eco*RV の制限酵素で消化した後の電気泳動パターンを示す．種ごとに母系，父系遺伝子のパターンが明瞭にわかれる．これらの手法を用いて，北海道産の雑種個体の親を同定することにより，雑種の形成や，ムラサキイガイ類の分布の広がり傾向などが示唆されるものと考えられる．このようなムラサキイガイ類の雑種形成や分布域の変遷過程についての分子生物学的研究は，外国で精力的に行われている．

6-4　まとめ

　日本の帰化種 *M. galloprovincialis* の 16S rRNA 領域には 2 つのハプロタイプ A，B が検出された．2 つのハプロタイプには 5 塩基程度の置換がある．*M. galloprovincialis* が日本に分布しはじめたのがおよそ 70 年前とされることから，この 2 つのハプロタイプは日本において分化したのではなく，各ハプロタイプの個体が同時に，あるいは別々に帰化したものと考えられる．他の DNA 領域を詳細に調べることにより，さらに帰化種の由来の詳細を明らかにできるものと考えられる．一方，北海道には在来種の *M. trossulus* が分布したが，*M. galloprovincialis* との雑種の存在も示唆された．帰化種 *M. galloprovincialis* の分布の変遷や，雑種形成の機構の解明など，日本のムラサキイガイ類についても今後の研究の発展が期待される．

文　献

1) E. Gosling : The Mussel *Mytilus* : Ecology, Physiology, Genetics and Culture. Elsevier,

(1992).
2) 劉明淑, 梶原　武：ムラサキイガイの繁殖生態. 付着生物研究, 4, 11-21 (1983).
3) 西川輝昭：ムラサキイガイかチレニアガイか―動物和名選定のケーススタディ. Sessile Organisms, 13(2), 1-6 (1997).
4) 菊池　潔, 織田真司, 瀬崎啓次郎, 原　猛也, 渡部終五：mtDNA 16S rRNA 領域を用いた日本産ムラサキイガイ類の系統解析. 平成 11 年度日本水産学会春季大会講演要旨集, 東京, p.123 (1999).
5) J. B. Geller, J. T. Carlton and D. A. Powers : Interspecific and intrapopulation variation in mitochondrial ribosomal DNA sequences of *Mytilus* spp. (Bivalvia : Mollusca). *Mol. Mar. Biol. Biotechinol.*, 2, 44-50 (1993).
6) P. D. Rawson and T. J. Hilbish : Distribution of male and female mtDNA lineages in populations of blue mussels, *Mytilus trossulus* and *M. galloprovincialis*, along the Pacific coast of North America. *Mar. Biol.*, 124 : 245-250 (1995).
7) P. D. Rawson and T. J. Hilbish, : Evolutionary relatiosips among the male and female mitochondrial DNA lineage in the *Mytilus edulis* species complex. *Mol. Biol. Evol.*, 12, 893-901 (1995).
8) P. D. Rawson, C. L. Secor and T. J. Hilbish : The effects of natural hybridization on the regulation of doubly uniparental mtDNA inheritance in blue mussels (*Mytilus* spp.). *Genetics*, 144, 241-248 (1996).
9) D. D. Heath, P. D. Rawson and T. J. Hilbish : PCR-based nuclear markers identify alien blue mussel (*Mytilus* spp.) genotypes on the west coast of Canada. *Can. J. Fish. Aquat. Sci.*, 52, 2621-2627 (1995).
10) K. Inoue, J. H. Waite, M. Matsuoka, S. Odo and S. Harayama : Interspecific variations in adhesive protein sequences of *Mytilus edulis*, *M. galloprovincailis*, and *M. trossulus*. *Biol. Bull.*, 189, 370-375 (1995).
11) K. Inoue, S. Odo, T. Noda, S. Nakao, S. Takeyama, E. Yamada, F. Yamazaki, and S. Harayama : A possible hybrid zone in the *Mytilus edulis* complex in Japan revealed by PCR markers. *Mar. Biol.*, 128, 91-95 (1997).

あとがき

　日本付着生物学会が，平野禮次郎元会長，梶原　武前会長の努力によって，研究会から現在の学会に発展してきた．その経緯は梶原先生が本書まえがきに書かれている．若い世代の研究者たちは，学会の過去の経緯について興味をもたないかもしれない．恐らく両先生がこの間の発展を間近に見て，最も驚かれているに違いない．先生方の存在は過去のものではなく現在も学会のよき運営に反映している．

　それと同時に，学会が研究面での多くのよき理解者によって支えられ，運営してきたことも事実である．「付着生物研究」（日本付着生物研究会）から発展して「Sessile Organisms」（日本付着生物学会）の刊行は，学会を支えてきた多くの研究者のたゆまぬ努力の結晶である．

　また不定期に開催されていた研究発表会は学会総会に付随し定期的に開催される研究集会に発展した．またさらに春季に開催される学会総会・研究集会とは別に，秋季には付着生物研究の話題性に富んだシンポジウム（本書の基となる「付着性イガイ類の分類と分布－その実態に迫る」（日本財団と日本付着生物学会との共催）もそれに当たる）が企画されるなど，研究者相互の研究成果の交流がますます活発になっている．

　付着生物研究の多様性も増している反面，「Sessile Organisms」に投稿された多くの研究論文に見られるように，基礎的な付着生物自身の研究も国際的に見ても遜色のない成果を上げている．

　今回のシンポジウムの成果が，「黒装束の侵入者 外来付着性二枚貝の最新学」としてまとめられ，その成果を公表できる段階に至るまでには，学会の本シンポジウムの企画委員および幹事，学会誌のの執筆者各位，また編集を担当された奥谷喬司先生および梶原　武前会長の努力と，出版社である恒星社厚生閣・佐竹久男氏の協力によるところが大きい．ここに記して感謝する．

日本の付着生物研究やわが学会に対する期待が増すにつれ，学会誌や研究会およびシンポジウムを通じて今まで以上の活動と努力が求められるとこである．今後とも関係各位の協力をお願いし，あとがきとする．

日本付着生物学会　会長　山口寿之

索　引

〈ア行〉
アイソザイム　*94*
ITS 遺伝子　*116*
足　*90*
アロザイム分析　*63, 107*
イガイ　*87*
イガイダマシ　*4*
一次付着動物　*42*
遺伝解析　*109*
遺伝子型　*109*
胃内容物　*78*
移入種　*12*
浮き石　*77*
ウネナシトマヤガイ　*65*
越冬　*32*
塩素処理　*82*
温排水影響　*35*

〈カ行〉
外套膜内褶　*59*
外来種　*1, 12, 13, 27, 42*
化学物質　*82*
核遺伝子　*107*
殻による判別形質　*18*
カリフォルニアイガイ　*87*
カワヒバリガイ　*3, 47, 51, 71, 73, 77*
　　──の生活史　*77*
カワホトトギスガイ　*71*
環境要因　*114*
帰化種　*107, 113*
木曽川水系　*74*
キタノムラサキイガイ　*8, 10, 87, 107*
キヒトデ　*64*

漁業被害　*41*
筋痕　*53*
駆除・防除　*81*
クログチ　*3*
群集構造への影響　*41*
検索表　*21, 22*
原産地　*71*
後足糸牽引筋痕　*53*
コウロエンカワヒバリガイ　*3, 47, 48, 75*
固着生活　*77*
コラーゲン　*89*

〈サ行〉
最大寿命　*39*
在来種　*12, 13, 49, 107, 113*
雑種形成　*115*
殺貝剤　*82*
シズクガイ　*64*
自然交雑帯　*11, 23*
指標生物　*43*
16S rRNA遺伝子　*109, 112*
種群　*11*
浄水　*82*
上皮性細胞増殖因子　*91*
人工基盤　*78*
真珠層　*13, 14*
靭帯　*14*
靭帯下方解石　*14*
水質浄化機能　*42*
制限酵素断片長多型　*112*
成長速度　*40*
ゼブラガイ　*65, 71, 81*
阻害輪　*38*

足糸　88
足糸タンパク質　117

〈タ行〉
タテジマフジツボ　42
多様性　115
淡水イガイ　73
着生部位　77, 78
中国産シジミ　3, 79
チレニアイガイ　1, 107
底生動物群集　50
デカペプチドモチーフ　91
ドーパ　90

〈ナ行〉
根井の遺伝的距離　63
年齢集団　39

〈ハ行〉
ハプロタイプ　112
バラスト水　63, 64, 66
繁殖可能密度　74
平瀬の標本カタログ　12
琵琶湖・淀川水系　71, 73
父系遺伝　118
付着汚損　40
付着基盤　34, 35
付着被害　65
浮遊幼生期　77
へい死　41
ヘキサペプチドモチーフ　91
ペルナイガイ　27
母系遺伝　118
ホトトギスガイ　47

〈マ行〉
マガキ　42
マゴコロガイ　71
マハゼ　64

ミトコンドリア DNA　94, 107
ミドリイガイ　2, 27, 36, 38, 65
ムール貝　87
ムラサキイガイ　1, 7, 8, 10, 22, 40, 65, 87, 107
ムラサキイガイ類　87
　── 殻形質　18
　── の殻　7
　── の標本リスト　16, 17
　── の分布　22
ムラサキクジャクガイ　1
面盤　89
モエギイガイ　27

〈ヤ行〉
野生化　83
ヨーロッパイガイ　8, 10, 87, 107
ヨーロッパフジツボ　42

〈ラ行〉
利水施設　73, 80
リバーフロント整備センター　79
輪脈　38
ろ過摂食　27

〈A〉
Albrecht　11

〈C〉
Carl von Linné　9
Col-D　89
Col-NG　89
Col-P 13　89

〈D〉
Dreissena polymorpha　71

〈F〉
fp-1　90

fp-2   90
fp-3   90
fp-4   90

⟨J⟩
Jay   11

⟨L⟩
Limnoperna depressa   51
L. fortunei   3, 47, 51
L. fortunei kikuchii   47, 48
L. siamensis   51
L. spoti   51

⟨M⟩
McDonald   12
Middendorff   11
Musculista senhousia   47
Mytilopsis sallei   4
Mytilus   87

M. californianus   87
M. coruscus   87
M. edulis   1, 7, 87
M. galloprovincialis   7, 17, 18, 22, 87
M. trossulus   7, 17, 18, 22, 87

⟨P⟩
PCR   95
Perna viridis   2

⟨T⟩
The Mussel *Mytilus*   11

⟨X⟩
Xenostrobus atratus   3
X. balani   59
X. mangle   59
X. pulex   58
X. securis   47, 58

黒装束の侵入者 外来付着性二枚貝の最新学

2001年7月30日　初版発行

（定価はカバーに表示）

監　修　梶　原　　　武
　　　　奥　谷　喬　司
編　集　日本付着生物学会
発行者　佐　竹　久　男

発行所　　　株式会社 恒星社厚生閣
〒160-0008　東京都新宿区三栄町8
Tel　03-3359-7371　Fax　03-3359-7375
http://www.vinet.or.jp/˜koseisha/

印刷：(株)シナノ・製本：(株)協栄製本

ISBN4-7699-0949-7C3045

好評既刊書

付着生物研究法
―種類査定・調査法

付着生物研究会　編
A5判/158頁/定価2,100円

我が国沿岸に出現する主要な海産付着動物、海綿、ヒドロ虫、管棲多毛虫・苔虫・フジツボ・ホヤ類を取り上げ、その分類体系・形態の特徴を概説し、さらに汚損生物として重要な種の査定法を解説。またその生態調査法である海中構造物・試験板浸漬調査法を具体的に解説。

中国産有毒魚類及び薬用魚類

伍漢霖・金鑫波・倪　勇　著
野口玉雄・橋本周久　監訳
B5判/368頁/定価9,660円

中国産魚類のうち250種の有毒魚類(フグ・ウツボ・ドクカマスなど)と、177種の民間レベルで使用される薬効のある魚類(カワヤツメ・タツノオトシゴなど)の標準和名・学名・検索可能な詳細外部形態図・形態的特徴・分布域・中毒症状・治療法と薬用部位・含有成分・効能・適用例の中国3000年の歴史を有する生薬の驚異。

水生線虫クロマドラ目
―形態と検索

野沢洽治・吉川信博　著
B5判/488頁/定価12,600円

本書はマングローブ研究の一端として著者らが集積した膨大な資料を整理し、水生自由線虫類220余種の分類検索表と、著者自らトレスする詳細形態図1,700余個が挿入され、今日この方面の参考書類の皆無につき、関係研究者の良き資料となろう。限定出版。

水産環境における 内分泌攪乱物質

川合真一郎・小山次朗　編
A5判/129頁/定価2,625円

水産学シリーズ126　PCB・ダイオキシン・DDT・アルキルフェノールやフタル酸エチル等、環境ホルモン物質の最終到達点は河川や海域等の水環境である。そこに生息する生物はインポテンツ現象が見られ、吾々人類生存にも由々しい問題である。この生物生体濃縮の問題を探る。

虹―その文化と科学

西條敏美　著
四六判/200頁/定価2,625円

光と水滴の魔術 ― 虹。それは常に時代を映し出すものであり、科学の発展の原動力であった。本書は神話・伝説から説き起こし、アリストテレス、デカルト、ニュートンらの足跡を辿り、現在の理論をまとめた虹の研究史。丸い虹、ムーンボウ等珍しい現象や人工虹の作り方も紹介した虹の教養書でもある。

近代科学の扉を開いた人
レントゲンとX線の発見

青柳泰司　著
A5判/250頁/定価3,675円

X線を発見し第1回ノーベル物理学賞に輝いたレントゲン。しかし、彼その人については残念なことにあまり知られていない。本書は、長年X線装置開発に携わってきた著者が、自ら集めた多数の写真・資料を配し、レントゲンの生涯、そしてX線発見の経緯、その社会的反応などを描く貴重なドキュメント。

株式会社 **恒星社厚生閣**

表示定価は消費税を含みます。